女人趁早要知道 1

BEING A WOMAN SHOULD NOT BE

TOO HONEST

女人一定要学会说“不”

吴静雅◎著

中国言实出版社

图书在版编目（CIP）数据

女人一定要学会说“不” / 吴静雅著. -- 北京 : 中国言实出版社, 2013.11

（女人趁早要知道；1）

ISBN 978-7-5171-0232-8

Ⅰ. ①女… Ⅱ. ①吴… Ⅲ. ①女性－成功心理－通俗读物 Ⅳ. ①B848.4-49

中国版本图书馆 CIP 数据核字(2013)第 252968 号

责任编辑：文涓涓

出版发行 中国言实出版社

地　址：北京市朝阳区北苑路 180 号加利大厦 5 号楼 105 室

邮　编：100101

电　话：64966714（发行部）51147960（邮　购）

64924853（总编室）64924745（四编部）

网　址：www.zgyscbs.cn

E-mail：zgyscbs@263.net

经　销 新华书店

印　刷 北京高岭印刷有限公司

版　次 2014 年 2 月第 1 版　2014 年 2 月第 1 次印刷

规　格 640 毫米×960 毫米　1/16　15 印张

字　数 200 千字

定　价 29.80 元　ISBN 978-7-5171-0232-8

目　录

CONTENTS

第一章 女人需要美丽，更需要智慧

第二章 为什么“坏”女人偏偏能牢牢抓住男人的心

第三章
女人，要学会说“不”

第四章
“一次只给男人一颗糖”的哲学

第五章

一眼看穿男人的秘密

第六章

如何做一个有气质的优雅女人

第七章

记住：自信、自立是女人最好的“妆容”

第十章
从现在开始，做个聪明的“坏”女人吧！

第一章

Chapter 1

女人需要美丽，更需要智慧

为什么处处为别人着想的女人却得不到别人的真心付出？为什么长相漂亮、个性温柔，各方面条件都不错的女人，却常常被各方面条件不如自己的男人甩？为什么有些彪悍，有些泼辣，有些歪门邪道，有些聪明心计的“坏”女人，却能牢牢抓住男人的心，获得更幸福的生活？其实答案就是：乖乖女没糖吃，“坏”女人有人爱。如果你想成为情场的“功夫熊猫”，把男人掌控于股掌，那么请从这一刻开始，和“乖乖女”说 bye bye，女人需要美丽，更需要智慧！

TOO HONEST

NO.1 醒醒吧，你不能做一辈子的天真少女

女人从小到大，都有一些不变的特点——天真、单纯、爱幻想。纵然已经成年，她们依然时常留恋于美好的幻想中，沉溺于偶像剧中，幻想自己是其中的女主角，在家有父母的疼爱，在外有朋友的关怀，在情场上有白马王子相伴。

一位大学老师曾在课堂上问学生们："如果让你们选择一下，你最想去的地方是哪里?"居然有很多女生说：最想去的地方是韩国，因为那里有很多帅哥，那些帅哥很温柔，很体贴女人。其实最重要的一点是，那里没有穷人。

真的是这样吗？当然不是，这些不过是女生们在韩国偶像剧里看到的。那些偶像剧的主题就是谈情说爱，在其中，我们看不到上班赚钱的艰辛，看不到凡人度日的无奈，看到的只是大房子、名车和对女人百依百顺的男人。偶像剧中的汽车可以不用加油，住房子可以不交房租，吃饭可以不计花销。难怪女生们沉迷其中，常常幻想自己生活在那里，牵手一位白马王子。

可是女孩们，现实世界绝不像偶像剧，如果你不把专注的双眼从虚幻的世界转移到现实的生活中来，不睁眼看看你周围忙碌的人们，不想一想自己究竟要过怎样的生活，那么，你无异于把头埋藏于沙堆里的鸵鸟，在自欺欺人，在逃避生活。

醒醒吧，女孩们，不管你是否愿意承认，从过完18岁生日的那天起，你就是一个成人，你就要面对一个充满利害关系的世俗世界，你要规划自己的未来生活。所以，千万不要再单纯地以为：只要有

爱情，喝水就能喝饱；只要相爱，就可以战胜一切困难；只要对方在乎我，我就可以毫不在意周围的眼光，全身心去爱。

一个37岁的女人，和一个23岁的男生恋爱了。尽管这个男生比她小14岁，尽管这个男生只是一个未走入社会的大学生，尽管女人曾有过一段不堪回首的婚姻，尽管女人还有一个孩子，尽管女人的父母百般阻挠，为此以泪洗面，尽管……但是这个女人还是义无反顾地和这个男生生活在一起，照顾男生的衣食起居，赚钱供男生读研，像一个大姐照顾小弟一样——不对，其实更像是一位母亲照顾自己的孩子。这个女人为什么这么执著，这么投入呢？

女人说："这个男人对我很好，他说我是他的第一个女人，也是他的最后一个女人，他不在意我的身世，愿意和我一直走下去……"女人就这么相信了这个23岁的男生，勇敢地去爱了。

然而有一天，男生对女人说："对不起，我不能和你结婚，我还要为事业而奋斗，我的未来会很美好，而且我有了漂亮的女朋友……"这个天真的女人居然还没醒来，她反问："你以前不是对我说你只对我好吗？你不是说除了我之外你对任何女人都不感兴趣吗？""……"

我们无法想象，这个女人为什么相信一个比她小14岁的男生在热恋中的誓言，更无法想象，面对已经彻底粉碎的现实时，她依然执迷不悟。毫无疑问，女人是天真的，更是愚蠢的。因为毕竟她已经37岁了，而且有过一次婚姻，在对待爱情时，应该更理智一些，更冷静，但是她没有做到，或许这才是产生悲剧的根源。

女人们，醒醒吧！热恋中，男人的任何誓言你都可以听，也需要听，但是请不要轻易相信，甚至可以说：不要相信任何一条誓言。谁相信，谁就是白痴，尽管这样说有些夸张，但是对天真的女人来说，就像一剂治病的猛药，也像一棒当头闷棍，只为把女人从"天真的梦幻”中敲醒，去证实赤裸裸的现实人生。

要知道，生活并不像你幻想的那样美好，男人也不像偶像剧中的男主角那样。在现实中，那些衣冠楚楚、相貌堂堂、在你面前装得很绅士的男人，很可能是一只披着羊皮的狼，内心对你充满色欲。他们愿意花银子和你接近，愿意忍受你的白眼和冷淡，不过是在“忍辱负重”，只为达到自己的终极目的——把你搞上床。所以，你要赶快从对生活的美好幻想中清醒过来，赶快从对爱情的美好憧憬中清醒过来，用现实的眼光去看待生活，去看待周围的人，尤其是男人。

作为女人，有一点儿天真是可以的，但是不要太天真；偶尔幻想自己还是少女也是可以的，但是不要总是以为自己还是个青春靓丽的少女，无所顾忌地挥霍青春。如果你能早一点猛醒，就不要等到有一天你在公车上给小孩让座，小孩对你说“谢谢阿姨”时，你才猛然意识到自己已经从一位“姐姐”升级到一位“阿姨”；如果你能早一点猛醒，就不要等到有一天你照镜子发现昨晚熬夜的黑眼圈还没有散去，曾经细腻的毛孔恍然间变大时，才意识到自己已不再是天真少女。

NO.2 高品质的男人，不会喜欢没个性的乖乖女

情感心理专家分析认为，女人是感性动物，感情胜过理智，这是阻碍女人爱情发展的致命弱点。在现实生活中，有些女人一开始就表现出“乞求”的姿态，她似乎在对男人说：“求求你做我的男朋

友吧，求求你把我娶了吧，只有你才能给我幸福。”不要笑，也许你不承认，但有些女人的行为真的表达了这种内心。可是结果往往以悲剧而告终。因为你失掉了自己，男人怎么看重你？

男人往往是这样的德性：你越看重他，你为他牺牲一切，他越是认为你没有思想、没有个性、没有挑战。你过于看重他，他当时会为你的行为感动，但是时间久了，他就会觉得习以为常了。这个时候你成了依附于他的一个躯壳，他可以轻而易举地主宰你的感情和幸福了。所以说，如果女人没有个性，没有独立想法，没有自己的追求，男人是不会真正把你当成宝，一直珍惜下去的。

在歌剧《水仙女》中，有一部抒情童话歌剧。其中主要的内容是这样的：

大森林中，有一个湖，湖中住着一位水仙女。一天，水仙女和一位英俊的王子相爱了，为了和王子结成夫妻，水仙女向女妖求助。女妖说：“我可以满足你的要求，但是你必须为此付出代价，那就是你必须变成哑巴。同时，一旦你失去了王子，你就永远半人半妖地生活在湖的最深处，而且王子也会失去生命。”

水仙女答应了女妖，最后她来到人间，如愿以偿和王子相处。可是，就在他们举行婚礼的那一天，王子却爱上了一位邻国的公主，她是来参加婚礼的来宾。水仙女痛苦万分，没办法，她只好遵守诺言，变成了半人半妖的怪物，回到了湖水深处。

不久之后，王子后悔了。他来到湖边呼唤水仙女，请求水仙女原谅他，但是一切都回不去了。水仙女吻了王子，王子在忏悔中死在湖边。水仙女悲痛欲绝，她抱着王子的尸体永远地沉入了湖底。

为了爱情，水仙女不惜抛弃仙女的身份，变成凡人去爱，结果却是飞蛾扑火。水仙女为了爱情而变成人，她不再是原来的她，而是失去了自己的本色。在现实生活中，有多少女人像水仙女那样为了爱情不顾一切呢？有多少女人为了爱情而失去自己，对男人逆来顺受呢？

假如你陪男人参加一位朋友的生日宴会，席间男嘉宾挥拳拼酒，屡爆粗口；女宾们穿得花枝招展，各领风骚。尽管这种环境让你生厌，但你会拒绝继续待在这里吗？

没有个性的女人肯定会说："要以大局为重，要顾及我老公的面子，我只好忍着。"而有个性、有独立想法的女人则不会，她会把老公拉到一旁，说："我不喜欢这种氛围，我要出去。"这个时候，老公可能说："坚持一会儿，咱们一起撤，你忍耐一下！"过了不久，老公找了个理由向主人道别，然后陪着女人离开了。

男人绝不会因为女人不喜欢这种氛围而对女人心有芥蒂，相反，他觉得女人有个性，不随波逐流，会更加喜欢女人。所以，女人一定要真实地生活，做真正的自己，做个有个性的女人，既不包装自己的心，也不轻易模仿别人，随波逐流。这样，女人才是最有魅力的。

在一则女性黄金饰品的广告词中，有这样一句话："都说我很听话——我只听自己的话！"男人都希望女人听自己的话，但是女人千万不要这么做，你要保持个性和主见，拒绝成为男人的附庸，拒绝成为爱情的奴隶，拒绝凡事唯他是从。你是独立的，你不应该忽略自己的存在，你要经常静下心来听自己内心的声音。

如果有一天，当你准备为爱情而改变时，当你决定听从大多人的意见时，请先听听自己内心的声音。因为只有这个声音，才最值得你去倾听，因为这是你的魅力之源。你要相信，并不是"好姑娘"才能得到男人的爱；你要相信，有个性的女人比起"听话"的乖乖女更有魅力，更会赢得男人持久的爱。为此，你应该做些改变，让自己不再是没个性的乖乖女。

无论你是公司的CEO，还是餐厅的服务员，你都有自己的荣誉和自尊，你都要保持独立，绝不要期望依靠男人而活——做家庭主妇，伸手向男人要钱。否则，你会活得非常被动，你的个性也无法得到彰显。

无论你是星星，还是月亮，你都有自己的轨迹，你不能因为渴望和太阳接近，就脱离自己的轨迹，去纠缠太阳。所以，与男人保持适度的空间，不要频频给男人打电话，不要频频约男人，更不要主动上门找男人。你要用行动告诉男人：你不会纠缠或监视他，他可不是你的宇宙中心。

无论如何，你都有必要增加自己的神秘感。你可以是真正的女人，但这并不意味着你要向男人坦白一切。你可以把自己的底牌放在心里，不让男人轻易看透你，这样男人会更加重视你。比如，你不用每天都见到他，也不用在电话上喋喋不休地向他报告你的行动轨迹。相反，你可以适当消失，让男人为你担心；你可以偶尔约会迟到，让男人为你着急；你也可以适当对男人发火，让男人知道你是有脾气的，你不是好欺负的。

你还应该保持高度的自信。当男人恭维你时，你不妨说声“谢谢”。你不要省略对男人的赞美，也不要询问男人的前任女友的情况，不要和其他女人争风吃醋。你应该自信地告诉男人：“我就是我，我有自己的独特味道。”

你应该有自己的追求，对某些事情投入的热情可以超过对男人的热情。这样做是为了告诉男人，他不是你的唯一，让他知道你有要忙的事情。在你心目中，他没有特权，就像车子没有固定的车位，没有专用通道一样。你要让男人知道：他所得到的，只是一个紧挨停车场门口的一个临时车位。这样，你在男人心目中会更有魅力。

你应该珍惜自己的身体，保持魅力妆容。因为一个女人如何保持自己的容貌，可以反映出其自尊的程度。如果男人告诉你：“我不喜欢你穿平底鞋，你穿高跟鞋会更性感！”但是穿平底鞋让你感觉良好，你应该照样穿平底鞋。如果男人对你说：“这种唇膏不好看，你用粉红色的唇膏吧！”只要这种唇膏让你感觉良好，你应该照常使用。你要用行动告诉男人：你不是为了取悦他而存在的，而是为了做真实的自己，为了取悦自己而活的。

NO.3 女人需要美丽，更需要智慧

乖乖女总是一本正经，在学校是好学生，认真听讲，努力学习，成绩较为优异。“坏”女孩总是调皮捣蛋，不好好学习，还经常惹乱子。聪明的脑子不用在思考试题上，而是用在思考“如何使坏”上。乖乖女走出社会后，成了一个“良民”，在公司是好员工，在家里是贤妻良母，没有什么大成就。而“坏”女人充满想法和创意，不甘于沦为平凡的打工者，她们爱折腾、爱尝试，不成功则已，一旦成功，可能一鸣惊人，一飞冲天。

有这样一个故事，很好地表现了乖乖女和“坏”女人各自的特点和彼此间的差异：

有一对姐妹，妹妹没有上大学，早早就开始闯社会，后来自己创业，如今已经身家数亿，是一位成功的企业家。姐姐大学毕业后，乖乖找工作，在医院工作多年，依然是一名普通医生。

据说，上学的时候，姐姐非常爱学习，妹妹只爱玩儿、不爱读书，而且个性又很强。小时候，父亲对姐姐说：“将来你如果有出息，一定要想着妹妹，要多帮帮她。”言外之意很明显，父亲觉得大女儿将来有出息，而对小女儿不抱希望，有些担忧。

姐姐按照父亲的期望进入了最好的中学、最好的医学院，最后按照父亲的愿望当了一名医生，然而，她发现从医不能让自己变得

富有，只能过平平淡淡的日子。妹妹完全没有遵照父亲的期望，她没有上大学就进入社会。她喜欢冒险，很早就外出做生意，没几年，她就拥有了一家公司，事业版图还在扩展中。当然，她忘不了帮助自己的姐姐。

对此，姐姐笑着说："幸亏我的妹妹没忘记我，给我很多帮助。我时常在想，我个性太乖，或许不是一件好事，因为我总是顺着父母的期望，所以，我走上了大家都认同的道路。因为我找工作很容易，所以我从来没有创业的想法。我也从来没有遇到过困境，所以我不需要思考人生的下一个路口该往哪儿拐。我怕犯错，怕别人说我不好，所以我总是规避风险，拒绝冒险。这就是我为什么没有我妹妹那种创业的魄力。"

从这对姐妹的人生轨迹上我们看到乖乖女和"坏"女人的差别，如果用一句话概括，那就是：乖乖女一本正经，一事无成；"坏"女人老谋深算，一步登天。是的，乖乖女和"坏"女人的差别在于性格，性格上的差别注定了乖乖女无法成大事，也注定了"坏"女人的一生充满跌宕起伏，充满丰富多彩。

其实，不只是在事业上，在情场上乖乖女和"坏"女人也有明显的不同。乖乖女逆来顺受，缺乏主见，很容易受到父母意见的左右。面对自己不喜欢的男人时，不懂得拒绝，往往会因此铸成大错；而"坏"女人敢爱敢恨，不喜欢就是不喜欢，绝不迁就，所以，"坏"女人往往容易找到真爱，获得自己想要的爱情。

"坏"女人是有心计的，她们懂得：即使面前的男人是自己喜欢的，也会装作不在意；即使很想马上答应男人的求爱，也会克制自己，给男人留一点遗憾。她们善于激发男人去追求，善于牵着男人的鼻子走，从而在爱情中占据主动地位。这种"坏"是一种高明的智慧。

林萍是个漂亮的姑娘，她还有一个与她同样漂亮的姐姐。姐姐恋爱经验丰富，林萍在姐姐的熏陶下，学会了不少与男人相处的技巧，变得有些小“坏”。大学毕业后，林萍在一家公司做助理，不久比她大 3 岁的上司就喜欢上了她，其实在心底，林萍也是喜欢他的。

上司开始追求林萍，经常约她共进午餐，但林萍只是偶尔接受。尽管上司晚上也会约她，但是她很少答应赴约，而且尽量避免单独和他在一起。林萍知道，喜欢他的女孩很多，而且她们都很出众，他每天都能接到她们的约会。但唯独林萍从不主动约他，林萍只是表现得有一点喜欢他，但从不做出取悦的姿态，更不让他碰她。

这些都是姐姐告诉林萍的恋爱策略，不仅抓住了他的心，还能很好地考验他是否真心。林萍用这些小手段和上司保持着暧昧关系。由于与上司的这层关系，林萍的工资开始猛涨，加班还有加班费。因为上司经常给林萍安排加班，这样他就能多看到林萍，他喜欢有林萍在他身边，也许是害怕林萍晚上和别的男人约会。

半年过去了，林萍挣到了一笔钱，她开始计划去旅游，她一直梦想去的地方是桂林山水。上司听了她的旅游计划之后，主动请缨陪她去旅游，并表示负担一切开销。但是林萍拒绝了，她对上司说：“公司不能离开你，而且这次旅游，我想享受一个人的自由。”接着，林萍又对上司说：“我非常挂念如此热爱的工作，我也会挂念与我相处得很好的人。”她故意说了一些人名，好让上司去胡乱猜测：“这些人”中包括我吗？这吊足了上司的胃口。

接着，上司说：“那好吧，祝你旅途愉快。”然后他深情地看了林萍一眼，这种眼神让林萍感受到了爱的火焰。林萍带着诱人的微笑说：“我只不过去一个星期，很快就会回来的。”

两天后，林萍登上了去桂林的飞机。到达之后，她找了一家旅馆住下来，然后给上司打电话，上司问他有什么安排，现在住在哪个旅馆，林萍都如实相告了。

在林萍到达桂林山水的第二个早上，旅馆的服务员通知林萍：

“有位男士找你，就在楼下。”林萍感到奇怪，因为在那边她根本没有熟人，但是服务员很肯定地说：“就是找你的，他在楼下的咖啡厅等你，你去看一下就知道了。”

当林萍带着疑问来到咖啡厅时，发现上司已经为她点了一杯热咖啡，他的手里捧着一大束玫瑰花。见林萍过来了，他走了上来，把玫瑰花送给林萍，然后两人深情地拥抱在一起。那一刻，林萍的眼睛湿润了。

要知道，她的上司是个优秀人士，而且不乏美女追求，但他对却林萍情有独钟，这究竟是为什么呢？这或许与林萍的“老谋深算”有很大的关系，因为她懂得表现得独立、有个性，不轻易接受追求，越是这样，越能激发上司的追求欲，这种以静制动的策略，很好地考验了上司的真心，也牢牢俘获了上司的心。

乖乖女一定要向“坏”女人学习，面对意中人的追求，千万不要变得欣喜若狂、满口答应，而应该保持淡定，保持冷静甚至表现得有些冷漠，当然，在这种“静观其变”的过程中，你还应该适当给男人一份惊喜，让男人知道你对他是有感觉的。

那么，怎样给男人惊喜呢？你可以用赞许的口吻对男人说：“呀，你知道这么多啊，可这不是你的专业啊？”这句话能极大地激发男人的自信，能表现你对他的崇拜；你也可以怅然若失地说：“这次愉快的约会眼看就要结束了，可是我又必须回去，唉……”这句话是典型的欲擒故纵，既可以表达你对他的款款深情，又把你的矜持表明于心。如此一来，男人会更加猛烈地追求你。

NO.4 不做“提线木偶”，女人有思想才更有魅力

看过木偶戏的人都知道，这种艺术靠艺人用线牵引木偶来表演。木偶是没有大脑和思想的，其意识形态是被人控制的。相信没有人希望成为“提线木偶”，因为每个人都是独立的个体，都有自己的思想和人格。然而，有些女人却在有意无意中，成为了男人手中的“提线木偶”，她们失去了自我，没有独立的思想，她们的喜怒哀乐都被男人操控着。

很多女人在恋爱之前，是拥有独立自我的，她们有思想，有个性，有自己的追求。可是恋爱之后，她们慢慢把自己放低，甚至低到尘埃里。即便是世上最漂亮、最有活力、最出名、最有才干的女人，也会在爱情中失去自我，变得没有思想主见，不能掌控自己的幸福。

刚谈恋爱时，小雯被认为是比较强势的一方。男朋友在她面前显得笨拙、害羞，而小雯则非常外向，且有大众魅力，她在地方上属于比较活跃的人物，是一家大公司的部门经理，而且有很不错的薪水。

两年之后，小雯和男朋友结婚了。不久之后，男朋友成为一名知名度很高的医生，小雯感觉一切都变了。突然之间，丈夫变成重要的一方，而小雯只是医生的太太。过去因为与小雯的友谊而接纳她丈夫的那些朋友，几乎都开始奉承她丈夫。

在外面有了面子和地位，回到家里，丈夫也期待小雯用崇拜的眼光看他。他对小雯的要求越来越多，甚至要求小雯替他跑腿、回电话。小雯很生气地说：“那你还是请个秘书吧！”没想到，丈夫真的请了一个年轻漂亮的女秘书，帮他接电话、跑腿，甚至负责做家务。很快，女秘书就和他站在同一阵线，他们经常公然地打情骂俏，似乎把小雯当成了空气。没多久，小雯发觉自己在家里的地位被女秘书取代了，而且每况愈下。

为了挽回丈夫的心，小雯不得不向丈夫妥协，她表示愿意为他接电话、跑腿，丈夫这才辞退了女秘书。此后，小雯开始相信丈夫的能力比自己强，开始像别人一样仰视他。虽然这样做让小雯赢回了一些地位，但她却越来越感觉失去了自己。直到有一天，丈夫提出离婚要求时（当然是因为他爱上了一个年轻的女人），小雯的自尊心低落到极点，她沮丧到几乎快要自杀……

在小雯的婚姻中，她失去了自我，失去了独立的思想，就像一个被丈夫完全掌控并玩弄于股掌之间的“提线木偶”。即便她一再妥协，一再改变，努力迁就丈夫，但丈夫最终还是无情地抛弃了她。不得不说，这是小雯的悲哀。

很多年前，就有伟大的哲人说过：“人，是靠思想站立着的。”其实，女人也应该如此。假如一个女人没有独立的思想和人格，任凭别人摆布，那么她如何掌控自己的生活，掌控自己的快乐呢？这样的女人，走到哪里都是一个唯唯诺诺的附庸，谈何魅力？

18 世纪法国思想家卢梭曾说：“就男性或女性来说，我认为实际上只能划分为两类：有思想的人和没有思想的人。”把人划分为不同种类的方法很多，卢梭却以是否有思想来划分人类，这实在是抓住了人的要害。

那么，到底怎样才叫有思想呢？简单地说，有思想指的是一个人有脑子，有自己想法。对人生、社会与世界，有独特的看法，面对不同的看法时，也不会人云亦云。因此，有思想的人，往往是内心强大的人。因为一旦她有了深思熟虑的想法就不会轻易改变，哪怕再多的人反对她的观点，她也会坚持自我，绝不轻易妥协。

对一个女人来说，有独立的思想和想法，无论是对驾驭爱情、把握生活的幸福，还是对人际交往、打造事业来说，都是至关重要的。有思想的女人，总是流露出与众不同的美感，她们的想法也许另类，但是却有一套自圆其说的说辞。也许你不一定会认同她，但是一定会打心眼里佩服她、欣赏她。

在一次香港小姐选拔赛的决赛中，组织者为了测试参赛小姐的思维敏锐程度，提出了这样一个问题："假如有两个男人，你必须选择其中一位作为自己的终身伴侣，一个是肖邦，一个是希特勒，你会选择哪个？"

对于这个问题，百分之八九十的参赛小姐都选择了肖邦，因为他是音乐大师，是艺术的天才，而希特勒是法西斯分子，是极端武装分子，是人类和平的祸害。当然，选择肖邦作为伴侣，不能算错，但是不够有特色，显得千篇一律，人云亦云。

不过，有一位参赛小姐选择了希特勒作为伴侣，她是这样解释的："我之所以选择希特勒，是因为：如果我嫁给希特勒的话，我相信我会感化他，这样一来，第二次世界大战就不会发生，世界上就不会有那么多家破人亡的惨剧。"这位小姐的回答让人眼前一亮，顿时全场掌声雷鸣。

一个有思想的女人，是有智慧、有灵性的生命。她们明白，自己的感受出自自己的大脑，不能让别人的感受轻易替代。她们知道，在浩瀚的宇宙中，个体的生命很弱小，只有当自己有思想时，自己才会变得强大，才会充满自信地面对生活。她们不在意外界给自己贴怎样的标签，只要心里认定的，即使众人不认可，她们也会显露出一副“吾往矣”的气概。

一个有思想的女人，其实是已经觉醒的人。她们知道自己来自哪里，现在如何，将要去哪里。她们似乎看透了哲学家康德提出的三个问题：我能够知道什么？我应当做什么？我可以希望什么？而没有思想的女人还在糊里糊涂地生活，她们看不清自己，也无法正确地对待别人，所以活得混沌，活得茫然，活得没有自我。

一个有思想的女人，一定是喜欢与有思想的人交往的人。正如哈佛大学的校训所提倡的那样：“与柏拉图为伍，与亚里士多德为伍，更要与真理为伍。”有思想的女人明白，人活着不过是一张臭皮囊，除了思想和灵魂，其实什么也没有剩下。因此，她们认为，真正的朋友，是心灵的伴侣，她们重视与有思想的人交心。

有思想的女人是底蕴十足的，是自信迷人的，是具有独立完整的人格的，是客观公正的。有思想的女人是阅历丰富的，是闪耀着智慧光芒的，她们是精致的女人，也是成熟的女人。即便青春不再了，美貌流逝了，她们依然气质超群，这就是有思想女人的魅力所在。

NO.5 思考，让女人从繁琐中优雅地走出来

相信很多人都听过下面这个故事：

从前，有个农夫和儿子去城里。农夫让儿子骑着驴子，他牵着驴子。一路上，众人对他们指指点点，说小孩不懂得孝顺长辈。农夫听到路人的指责，就和儿子商量，让儿子牵着驴子，自己骑驴子，

以免人家说闲话。

走了不久，又有人对他们指指点点，说农夫不心疼孩子，只知道自己享福，却让小孩受罪。农夫哪受得了众人的指责，马上下来，和儿子一起牵着驴子往前走。

但是走了不久，还是有人对他们指指点点，大家笑他们傻，有驴子不骑，却要走路。农夫一想，觉得有道理，于是和儿子一起骑驴子。

就这样，他们走了一段路后，又有路人对他们议论纷纷，说他们真是残忍、没人性，竟然两个人骑一头驴子，把驴子压得喘不过气来。

最后，农夫和儿子都下来了，他们不知道怎么办，干脆找来绳索和木棍，父子二人抬着驴子走……

看了这个故事之后，你感到可笑吗？原本一件简单的事情，由于农夫和儿子不懂得思考，结果变得极其复杂。因为不懂得独立思考，才会人云亦云，才会随波逐流，迷失自我。由此可见，不懂得思考是可怕的。

不会思考的人是白痴，不肯思考的人是懒汉，不敢思考的人是奴才。伟大的发明家爱迪生曾经说过：“头脑不用也会生锈，经常思考才会反应敏捷。”作为一个女人，同样需要独立思考。思考可以让女人把复杂的事情变得简单，可以让女人从繁琐中优雅走出来，感受前所未有的轻松。

对女人来说，你可以不看电视，可以不写诗，可以不绘画，可以不学习，但是你不能不思考。思考可以使女人提升智慧，提高内涵，更快地走向成熟。很多成功男人的老婆称不上漂亮，但她们用思考弥补了长相的不足，她们因思考而成为男人的贤内助，她们因思考打动了男人的心，使男人觉得她们是那么有智慧、有魅力。

善于思考的女人是理智成熟的女人，她们对待任何事物都能从容面对；善于思考的女人通常都是有过经历的女人，也许她们也疯狂过，但疯狂之后，她们会在平静中思考人生；善于思考的女人是不安于现状的女人，她们总是想着如何让自己进步。

积极思考，可以为女人赢来机会；积极思考，可以帮女人赢得幸福；积极思考，更能促使女人走向成功。思考的女人永远不会陷入被动的泥潭中，无论对人对事，她们都会在一番深刻的思考和透彻的分析之后，做出最明智的决定。

女人一定要明白，思考不是“想太多”，不是不停地推翻自己、质疑自己，让自己陷入无尽的纠结之中，思考是为了化繁为简，更高效地解决问题。面对一个难题时，只有当你找到了正确的思考方法，才能从中优雅地解脱出来。下面这个故事值得每个女人思考：

一位英国游客搭乘美国“密西西比号”游轮观赏密西西比河两岸的迤逦风景。一路上，他被美不胜收的风光深深吸引，不时发出赞叹。

船长人缘很好，性格直爽，在这条河上驾船50多年，于是游客就主动与船长闲聊起来。聊天中，游客对船长说：“船长先生，听说你在这条河上航行了很久，经验非常丰富，我想您一定非常熟悉河中的每一处浅滩吧?”

船长在这条河上航行了无数次，当然经验丰富，可是他的回答却让游客大吃一惊。他说：“不，先生，我根本不清楚河中的浅滩，如果我想把全部浅滩都弄清楚，那我会浪费很多时间。”

游客大惑不解地问：“为什么呢?如果您连哪里有浅滩都不知道，您怎么安全地驾船呢?”

船长好像没有听到游客的话，他再次重复自己的话：“弄清楚河中什么地方有浅滩完全是浪费时间。我为什么要知道浅滩在哪里?我只要知道深水区在哪里就足够了。”

船长的话告诉我们：如果从正面解决一个问题难度很大，那你不妨运用逆向思维，从反面去思考问题。很多时候，当你受困于某个问题，迟迟无法找到答案时，若能换一个角度去思考，就能豁然开朗起来。找对方法，思考将立刻变得简单，简单是思考的最高境界，如果你把问题越想越简单，那么你就越活越有智慧了。

为了方便摄影，人们发明了傻瓜相机；为了驾驶容易，人类发明了自动挡汽车；为了洗衣服方便，人们发明了全自动洗衣机……所有这些，都让生活变得越来越简单。其实，女人的思考也应该变得简单，越简单，才越深刻，越简单，才越高效。当你立足于把复杂的问题变得简单时，你就很容易走向成功了。

在这里，我们再来了解一下“奥卡姆剃刀理论”，它是12世纪英国人奥卡姆·威廉提出来的。奥卡姆·威廉认为，效能来自于单纯。在你做过的事情中可能绝大部分是毫无意义的，真正有效的活动也许只是其中一小部分，而你要做的就是把这个关键的小部分找出来，去掉多余的活动。用一句话总结奥卡姆剃刀原理，就是“如无必要，勿增实体”。

有些女人经常胡思乱想，把简单的问题想得非常复杂，最后把自己囚禁在悲观的牢笼里，觉得人生处处没有希望。其实，生活并不像你想象的那样，它是那么多姿多彩，是那么简单丰富。只要你的思维简单，只要你用简单的思维去思考人生，那么人生就会变得简单起来。

NO.6 悉心修炼品位、涵养、气度与胸怀

鲜花总是和绿叶枝头联系在一起，女人总是和美丽漂亮联系在一起。人们在评价一朵花美不美、艳不艳时，往往看它的整体效果好不好；人们在评价一个女人美不美时，往往看她们的内在和外在。外在的美一目了然，而内在的美却包含着很多因素，例如品位、涵养、气度与胸怀，等等。一个女人真正的吸引力源于内在的气质，如果你想用内在的气质吸引别人，那么就要注重内在气质的修炼。

首先，女人的气质美离不开品位的修炼。

每一个女人都是特别的，都应该有自己独特的品位。说到品位，很多人可能会想到奢侈品，其实品位与时尚或奢侈品并不是一回事，品位是一个人观察事物的态度，同样的东西，在不同的态度下观察，就会产生不同的感受和看法。作为一个有气质的女人，在观察事物时应该用欣赏的目光、高端的品位去审视。

从某种程度上看，一个女人的品位与她的气质是相辅相成的，品位的高低决定了女人对新事物的看法，有独特品位的女人，才能发现事物的独特美。有品位的女人是成熟的女人，也是勇敢、干练、自信的女人，有品位的女人总是善于恰到好处地表现自己的优雅，使人产生可信的感觉。因此，女人要保持和发展幽雅的风度、高尚的品位，就得注意自己的言行举止，博学多识、自立自强、自尊自爱、富有爱心。

其次，女人的气质美离不开涵养的修炼。

有涵养的女人往往会由内而外散发出一种高贵、优雅的气质，

不论在什么场合，她们都不会由着自己的性子来。良好的涵养可以使她们学会克制自己的过激情绪，冷静下来理智地思考问题，审视自己的言行举止。

艾琳的老公是公司的总经理，她们非常恩爱。有一次，艾琳和同事一起逛街时，发现自己的丈夫跟一个和自己女儿差不多大的少女谈笑风生。凭借女人的直觉，艾琳明白了怎么回事，当时她非常生气，真想冲上去给丈夫和那个少女一人一个耳光。

然而，艾琳没有这么做，她冷静地走到丈夫的面前，笑着说："你们一起逛街呀？买什么呢？"见丈夫满脸尴尬，艾琳又说："没事，你们继续聊吧，我的朋友在那边等我呢！"说完，艾琳大大方方地走开了。

事后艾琳得知，原来丈夫和客户一起陪客户的女儿逛街买衣服，当时艾琳见到他们时，客户恰好去了洗手间，只剩下她的丈夫和客户的女儿在服装店。艾琳庆幸当时没有冲动，丈夫也开玩笑地说："亲爱的，真看不出来，你还很镇定。不过谢谢你没有发作，不然的话，我当时会很没面子。"

在与人交往中，一个女人是否有涵养，可以通过她的处事方式看出来。案例中的艾琳没有在大庭广众之下冲动地找丈夫理论，而是给丈夫留了一个台阶，给丈夫留了面子，这种冷静、智慧的做法，就是一种涵养的体现。反之，如果艾琳是一个没有涵养的女人，她会怎么做呢？她会冲上去，气愤地大骂丈夫，甚至会直接和那位少女"动武"，这不仅会让大家陷入尴尬，也让自己风度尽失。

有人曾举了一个例子，来说明没有涵养的女人是怎样一种形象：没有涵养的女人就如同叉着腿坐在咖啡店里的女人，在优雅的音乐声中，粗野地搅动着勺子，大口地吮吸着杯子里的咖啡，当她接到电话时还会大声地说："喂，谁呀？你还活着呢？"……这样的女人就是典型的没有涵养。

再次，女人的内在美离不开气度与胸怀的修炼。

提到气度与胸怀，很多女人首先想到的一定是男人，认为只有男人才应该有气度和胸怀。其实，如果你想成为有气质的女人，同样不能没有气度与胸怀。因为气度与胸怀，是心胸博大的表现，是意志坚强者动人的风采，它昭示的是做人的豪迈。女人大度一点，多一点宽容和包容，就容易获得别人的好感。尤其是在爱情中，气度与胸怀是感化男人的上佳办法。

有个女人发现老公与一个女网友关系密切，暧昧不断，于是找好朋友诉苦，好朋友对她说："你别担心，别埋怨，把心放大一点，对他多一点关心，比如，专挑你男人爱吃的菜做，专说你男人爱听的话，就像没有那回事一样。"两个月后，这个女人告诉她的朋友，说她老公最近很少和那个女网友联系，并且对她更加疼爱了。

女人的气度与胸怀是一种智慧，是看透了纷繁人生后所表现出来的从容、自信和超然。如果女人遇事能做到宽容，不但可以让自己及时释放心灵，还能让别人因此获得感动、反省和悔悟。

法国伟大的浪漫主义作家雨果曾经有一句至理名言："世界上最广阔的是海洋，比海洋更广阔的是天空，比天空更广阔的是人的胸怀。"如果你以宽容的眼光去看待世界，那么你所看到的将是青山绿水、碧海蓝天，你给人留下的将是高大的形象。这种形象会让你看起来更加有魅力。

NO.7 永远记住，内外兼修的美才是真正的美

英国作家毛姆曾经说过：“世界上没有丑女人，只有一些不懂得如何使自己看起来美丽的女人。”如今，女人们早已抛弃了传统的保守观念，懂得打扮自己。所谓“浓妆淡抹总相宜”，然而，女人真正的美除了穿着时尚、打扮时髦，还离不开内在的修养。保持内外兼修的女人，才是最有魅力的。

什么是内外兼修呢？顾名思义，“内”指的是内在的修养与气质，“外”指的是外表装扮。任何一个女人，都希望自己拥有一副姣好的容貌，希望自己拥有迷人的身材。如果你的外表不够出色，也不必自卑沮丧，至少你可以把自己收拾得干干净净、整整齐齐，给人一个清新脱俗的印象。

首先，让你的发型看起来干净利落。女人应该讲卫生，无论你的头发是长还是短，都应养成勤洗头的习惯。每次洗完头之后，把头发吹干，精心地梳理，让头发顺畅自然。这样，你的秀发就是你的亮点，而不是“败笔”，当你走在人群中时，你的发香会使你魅力倍增。

其次，穿着要得体，搭配要讲究，搭配时颜色的基调要和谐，不能反差太大，否则会起到反作用的。值得注意的是，女人不要只追随潮流，因为流行的衣服不一定都适合自己。在选择衣服时，应选对的，而不要选贵的。“对的”即适合自己的，与自己的身材、体型、喜好等匹配的。

再次，不要忽视妆容。当你出门时，适当地淡妆是必需的，所

谓“轻扫娥眉淡脂粉”。在化妆中，眼部的化妆尤为重要，适当地修饰睫毛，可以把你的眼睛衬托得又大又亮，让你显得更加精神。

最后，女人的外在修养还包括言谈举止。一个有修养的女人，应做到温柔、优雅、不高声说话、不说脏话、不在公众场合大呼小叫、放肆大笑。要站有站相，坐有坐相，不可表现得太随意，在家里应做一个贤淑女人，体贴家人，让家人感到你的温情。

说完外在的修炼，女人更要重视内在的气质修炼。要知道，女人的气质不仅仅表现在外表，更重要的是内在修养与自然流露。因此，女人要修炼自己的内心，提升自己的涵养。

首先，读书是提高自身修养的最好方法，女人应该多读一些自己喜欢，而且文化修养较高的书籍，比如，中外经典的名著。读书的女人是美丽的，这种美不是矫揉造作的美，而是在举手投足之间，自然而然散发出来的书香之美。所谓“腹有诗书气自华”，说的就是读书对女人气质和涵养的提升作用。

其次，做一个有爱心、懂孝道的女人。品行高尚、内心善良的女人，无论何时何地，都是最受人欢迎的。女人的内在之美，无外乎女人的品行和操守。作为一个女人，如果缺少爱心，将会变得粗暴野蛮；如果缺少孝心，将变得自私可怕。

很难想象，一个外表美若天仙，内心却毒如蛇蝎的女人，如何会得到别人的尊重和爱戴，这样的女人只会让人心生厌恶，避而远之。反之，一个长相平平，但是内心善良、温顺贤淑的女人，却会赢得别人的尊敬和善待。所以说，女人不是因为外在美而受欢迎，而是因为内在美而受欢迎。

在生活中，女人可以通过养花、养草、养动物来修身养性。养花养草可以陶冶情操，美化室内环境，饲养小动物可以激发自己的善良和对弱小生命的爱心。

再次，女人在闲暇时，不妨多听听情趣高雅的音乐，接触艺术活动，例如，戏剧、舞蹈、美术等，让自己在艺术的气息中获得精神的洗涤和情感的熏陶，这对培养温顺的性情是大有帮助的。当然，你还可以品一杯醇香的清茶，或徒步旅行，接触大自然，呼吸新鲜空气，这比白天呼呼睡大觉，晚上泡在夜店好得多。

在《红楼梦》中，曹雪芹笔下的女人，要么才华横溢，在柳絮花飞的季节结社吟诗；要么心灵手巧，针线活信手拈来；要么冰雪聪明，治家理财是把好手；要么贤良淑德，冷雨敲窗的寒夜红袖添香……

也许你只是平凡的女人，没有什么特别之处，但是不用自卑。你不必才高八斗，七步成诗，起码要对诗词歌赋略懂一二；你不必每天都浓妆艳抹、盛装华服，但至少要穿着得体、仪容整洁；你不必针线女红样样娴熟，但是起码要会钉个纽扣，缝个被角；你不必烹炸煎煮，十八般厨艺样样精通，但起码应该有一两样拿手好菜，这样无论男人离家多远、多久，总能念念不忘家的味道。

总而言之，对一个女人来说，真正的美、真正的气质来源于内外兼修。因此，当你二者偏重其一时，应及时做出调整，既要注重外在的包装打扮，还要注重内在的修炼完善，这样你才有可能成为一个真正有魅力、有气质的优雅女人。

第二章

Chapter 2

为什么“坏”女人偏偏能牢牢抓住男人的心

人们常说：“男人不坏，女人不爱。”其实，在生活中，女人“坏”一点，同样更能获得男人的爱，抓牢男人的心。因为“坏”一点的女人对男人更有挑战，这样可以考验男人，将抱着“玩玩”心态的男人拒之门外，从而把真心追求的男人收入囊中。而当真心去爱的男人追求女人成功时，他会获得强烈的成就感，也会更加珍惜女人。如此一来，“坏”女人不就轻松套牢了男人的心吗？

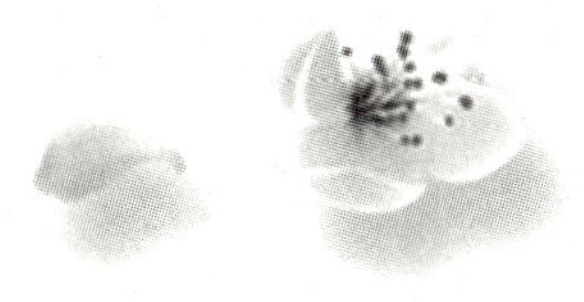

BEING A WOMAN SHOULD NOT BE
TOO HONEST

NO.1 ↘女人稍有一些锋芒，更让男人喜欢

有一句话叫“锋芒太露容易没饭吃”，但这并不是要你一点锋芒都不露。因为一点锋芒都不露，别人会以为你没本事、没特长。对女人而言，稍露一点锋芒，让男人看到你的才艺，看到你美的一面，看到你的一点小霸道，他会对你更加感兴趣，会更加喜欢你。

如果有一天，你遇见一位好男人，当你还在猜测：他喜欢我吗？我怎样才能引起他的兴趣，怎样才能获得他的追求呢？当你还在不断给自己加油打气，准备鼓起勇气接近这个好男人时，“坏”女人已经抢先一步，在他面前展现了自己的锋芒，或向对方展现自己的特长，或搞怪逗他开心，或故意找茬引起关注。事实上，“坏”女人才刚出几招，男人就乖乖上钩了。在之后的交往中，“坏”女孩更会通过“坏”，激发出男人源源不断的追求欲和成就感，就这样，男人成了“坏”女人的爱情俘虏。

火辣美丽的戴妍因为一次偶然的机会，认识了一个帅气的同事葛林。葛林的能力和魅力深深吸引了戴妍，他一举一动都是那么让戴妍动心。戴妍认定葛林就是自己要找的男人，于是她大胆地在葛林面前唱起了“今天你要嫁给我”，其歌声优美动听，吸引了葛林的注意。

葛林也非常爱好音乐，而且工作之余组建了一个乐队，每次演出，戴妍都会去看。兴致来了，戴妍还会主动要求献歌一首，唱得

葛林心花荡漾。渐渐地，葛林开始主动约戴妍，在工作上，对戴妍也显得特别关照，只是他迟迟没有让戴妍做他的女朋友。

戴妍见葛林迟迟不肯表白，两人关系模糊不清，于是决定主动进攻。一天晚上，她把葛林约出来，见面第一句话就是：“听着，今天我约你，是要你做一个选择，一是让我做你的女朋友，二是你做我的男朋友。我给你10分钟的考虑时间。我在那边等你，想好了你过去找我。”

戴妍的话让葛林既兴奋，又惊讶。兴奋的是，葛林也有和戴妍恋爱之意，只是觉得戴妍人长得漂亮，歌唱得又好听，如此有魅力的女人，怎么会看得上自己呢？她是不是已经有男朋友了呢？惊讶的是，戴妍用命令的口吻求爱，显得霸气外露，让他一时反应不过来。10分钟后，葛林和戴妍开始恋爱了。

也许，很多乖乖女认为，男人理所当然要主动追求女人，女人还是矜持的好。其实，爱情的轨迹并不永远都是这样，面对自己喜欢的男人时，乖乖女不妨向“坏”女人学习，主动展现自己的特长和魅力，稍露一点锋芒，也许这样更能震住男人，俘获男人那颗蠢蠢欲动、又徘徊不定的自卑之心。

上文的葛林就是这样一个男人，虽然他长得帅气，但是在戴妍面前，他多少有些自卑感，虽然他喜欢戴妍，但是多少有些望而却步，所以迟迟没有表白。在这种情况下，戴妍若不出击，也许会错过一段美好的爱情。这就是“坏”女人，她敢想敢做，不会被约定俗成的东西束缚手脚，这样的女人更让男人喜欢。

事实上，大胆地去爱一个你喜欢的男人，比被动地接受一个喜欢你的男人的追求，更安全可靠。因为你知道自己想要的是什么，知道自己喜欢什么类型的男人，这样就可以大大降低“爱”上一个你不爱的男人的几率，还会降低上当受骗的几率。当然，最安全的是当你发现那个男人对你也有好感，只是犹豫不定没有向你表白时，你主动一点，更容易让他拍手称快。

对男人而言，稍有锋芒的女人更让他喜欢是有很多原因的。这种女人身上有一种小霸道，有一种从容，她会独立选择，能激发男人的追逐感。那么，“坏”女人的锋芒主要有哪些表现呢？下面就来看看吧！

喜欢把自己放在第一位。比如，“坏”女人今天累了，她会取消和男人今晚的约会。也许她会在家里听听音乐，也许会泡个澡，也许会睡个懒觉，但是你放心，她不会跟别的男人出去。正是因为这样，男人才会费尽心思约她出去。

再比如，“坏”女人开车带着男朋友外出，当男朋友告诉他应该往哪里走，应该去哪里时，她可能会说：“开车的是我，去哪里，到哪儿下车，由我来决定，你给我好好坐着。”她在做自己喜欢的事，去往自己喜欢的地方，她的所作所为，完全是出于她自己的选择。比起主见性不够，凡事征求男人意见的女人，这种女人是不是更容易激发男人的追求欲望呢？是不是更容易征服男人的心呢？

在经济方面较为独立。很多乖乖女有一个梦想：有一位帅气的男人心甘情愿为自己支付账单。或者她们认为，男人理应给女人支付账单。可问题是，男人支付账单之后，容易对女人发号施令。而“坏”女人不会期盼男人为自己支付账单，当男人准备为她付账单时，她就会露出经济独立的锋芒，她会说：“我自己来，我有钱。”这样一旦男人欺骗或伤害她，她就会毫不犹豫地收拾行李，搬出去，住进自己的单身公寓。在这种情况下，男人会觉得他没有百分百地获得女人的爱，因此，他会更努力地去关爱女人。

说话简单明了，不拖泥带水。说话简明扼要的女人会赢得男人的尊重，因为男人之间的交流就是如此。“坏”女人会采用直奔主题的方式，乖乖女则不同，她会“掏心窝”般地絮叨自己的感受，可是男人却没当回事。尤其是在与男人初次见面时，女人最好不要滔滔不绝地说话，这样会显得你自卑。也不要因为紧张而说话，而要保持冷静和从容，适当地表达自己的独立见解，这样看上去会更有吸引力。

NO.2 男人是野生动物，喜欢追逐的快感

爱情使两个陌生人变成了情侣，然而在他们分手的时候，女人却发现彼此还是陌生人，女人甚至连自己都不完全了解。你不要笑话这样的女人，因为即使你步入婚姻，和男人生活在一个屋檐下，和男人睡在同一张床上，和男人过了大半辈子，你都可能不了解男人，当然，不了解男人的女人绝非你一个，而是很多。这就是为什么男人和女人有时候沟通困难，有时候误会频生。

为什么会这样呢？为什么现实生活中的爱情不像爱情小说中描绘的那样完美？为什么女人遇不到理想中的白马王子？为什么男人总是让女人揪心、失望？为什么男人在婚前和婚后的变化如此之大？为什么女人觉得难以走进男人的内心世界？其实，答案只有一个，因为女人不了解男人。

也许你不以为然，你认为自己对男人有足够的研究，那么试问一下：你知道男人是野生动物吗？你知道男人喜欢追逐的快感吗？

之所以说男人是野生动物，是因为男人具备较强的野外生存本领，就像自然界中的独自觅食、单打独斗的野狼。男人向往自由的生活，喜欢无拘无束，他们既有野心，又有些孤傲，还喜欢漂泊放荡。

或许正是因为男人像野狼，才喜欢追逐的快感，才喜欢激烈的竞争。比如，他们喜欢赛车，喜欢狩猎，喜欢打牌，喜欢锁定目标，并为之努力。比如，在牌局中，如果男人赢少输多，他是不会轻易认输的，这个时候就算用一头牛都难以把他拉走，因为他觉得自己很快就会赢回来。男人被与生俱来的雄性的好胜心驱使着，他会继续战斗下去。如果最终他还是输了，他也不会因此消沉，相反，他会更加不服气。

再举个例子，男人和同伙一起去狩猎。他们离开家已经整整一个星期了，每天睡在脏兮兮的草地上，还要忍受蚊虫的叮咬，有时候还会食不果腹。然而，他们会乐此不疲地坚守着。这到底是为什么呢？因为他在狩猎中能体验到追逐的快感。如果男人射杀了一只猎物，他会把猎物带回家，那一刻他比开屏的孔雀还要自豪，他甚至会把猎物摆在家门口，然后向街坊邻居绘声绘色地讲述狩猎的精彩过程。但是，假如有人送给男人一个猎物，他根本就不屑一顾。

“坏”女人知道，当一个男人发现了自己喜欢的东西时，会毫不犹豫地去追求，而这种追求的过程，会让男人的欲望更加强烈。如果男人一时无法得手，他会更加努力去争取。可以说，欲望完全占据了男人的心，使他对所追求的事物产生丰富的联想。所以，“坏”女人懂得给男人挑战。

“坏”女人身上散发着一种危险气息，她们好像在对男人说：“我跟你是不同世界的人。”她们知道自己是什么，知道自己要什么，所以对男人是最有吸引力的动物。当那些乖乖女自怜自艾地问男人“你喜欢我吗？你觉得我怎么样？你到底看上我什么？”时，“坏”

女人的脑子里却在盘算：“跟这个家伙在一起，我能得到什么好处？”当乖乖女忙着找理由自我肯定，给自己打气时，“坏”女人已经开始挑逗男人了。

“坏”女人知道，渴望的东西最能激发男人的追逐欲。因此，她们不会轻易让男人得手，而是千方百计地考验男人，甚至把男人弄得精疲力尽时，才愿意投入男人的怀抱。对男人来说，征服一个“坏”女人，就像征服一个伟大的里程碑，这个过程是非常不易的，而这个来之不易的女人，在他心目中比任何一个轻易得到的女人更有价值。

相比之下，一个乖乖女比较容易被男人搞到手，但这个轻易到手的追求过程无异于给男人泼了一盆冷水。越容易被男人搞到手的女人，男人会觉得她乏味。要知道，没有人会对免费赠送的礼品十分看重。所以，如果一个女人轻易就与男人上床，这反而不利于女人得到男人的珍惜。

所以，当男人给你打电话的时候，不要铃声一响就立刻接听，除非你接错了。你最好等铃声响了一阵子再接，并且表现出漫不经心的样子。即使你的内心在惊喜“终于等到了这个帅哥的电话了”，你也要在话语中表现得不屑一顾：“哦，你啊？找我有事吗？”

对于男人的约会邀请，你最好仔细地看一下自己的日程表，看是否有时间，哪怕你这段时间正在休假，一个人在家无聊得在网络游戏中打发光阴。约会的时候，不要轻易早到。当然，第一次约会没必要故意迟到，因为这会让一些男人感觉没有面子，进而放弃了对你的追求。

约会的时候，当男人的嘴凑过来的时候，不要傻傻地闭上眼睛享受甜蜜。这个时候，你调皮地转一下脸蛋，或找个借口溜走，会让男人觉得你很有趣。别担心，男人不会轻易放弃你的，他会更努力地追求你，直到你心甘情愿地蜷入他的怀中。

前几次约会时，千万不要让男人来你家，更不要让男人进入你的卧室。不要因为外面很黑，或者有风雨，你就说："进来吧，只能待一会儿啊。"你这样的回答，对男人来说无疑是一种燃起他兴奋的药物。他会觉得，他已经得到了你的暗示和默许，他将再一次向你发出肢体接触的信号，甚至大胆地索取性需要。如果你把自己献给了他，他饱餐一顿之后，会得意地想：我已经彻底征服了你。

当然，在男人带有诚意的猛烈追求下，你也不必太过矜持。但是要记住，你一定要渐渐地接受他，给他一个体验追逐感的机会。你要用行动告诉男人：你从来都不曾在他的掌控之中。而当男人没有找到真正拥有你的感觉时，他将会不断追求你。也就是说，你既要让他知道他的追求有了进展，又不能对他有求必应，在若即若离间，让男人对你蠢蠢欲动。

NO.3 "坏"女人会跟男人保持界限，让彼此有自己的空间

如果问女人："爱情是什么？"或许很多女人会说："爱情就是两个人永远不分离。"用一首词来形容这种"不分离"最恰当不过，这首词是这样写的："把一块泥，捏一个你，塑一个我。将咱两个，一齐打破，用水调和。再捏一个你，再塑一个我。我泥中有你，你泥中有我。"可是，很多女人错误地理解了这首词的本意，以为相爱的人或夫妻就是一个整体。却不知"捏一个你""塑一个我"，最终还是两个独立的个体。如果女人不理解这一点，整天和男人黏在一起，

彼此没有自己的空间，那么后果会很严重。

芮清和张岩相识相恋于大学，毕业后两人因工作的原因分隔两地。当时芮清差一点放弃了那份稳定的工作，一心想随张岩而去。但是在张岩的劝说下，她才委屈地强忍思念之苦，开始了两个人的异地恋。每天他们都有打不完的电话，正如《亲爱的你怎么不在我身边》这首歌里唱的那样：“电话再甜美，传真再安慰，也不足以应付不能拥抱你的遥远。”所以，芮清在工作了半年之后，执意辞去了工作，来到张岩所在的城市，开始了两人渴望已久的同居生活。

同居的日子很甜蜜，张岩非常照顾芮清。可是，时间久了，这对“小夫妻”开始有了各种各样的矛盾，家务活怎么分配，他们产生了分歧。芮清开始抱怨张岩的不体贴，总是让自己做家务，张岩也越来越反感芮清的唠叨。他们经常为了一些鸡毛蒜皮的小事儿争吵，争吵的次数多了，张岩干脆夜不归宿，芮清见张岩夜不归宿，总是不停地打电话追问其行踪，最后张岩烦了，干脆关机。

在同居两年后，张岩送给芮清一枚戒指，然后对她说：“咱俩分手吧。”芮清感觉脑袋“嗡”的一下炸了，在她看来，虽然两人有很多争吵和矛盾，但怎么也不至于走到分手这一步，再说他们已经做了这么久的“夫妻”了，怎么能轻易分手呢？当初他们有那么多海誓山盟，怎么会走到今天的地步呢？芮清彻底糊涂了。

纵然是亲密无间的爱人，也需要彼此的空间。成熟的爱情并不意味着无限接近，黏成一个整体，而是保持合理的距离，彼此之间有一个适当的界限。举个简单的例子，男人可以和朋友聚会，女人可以和闺蜜聊天，彼此应该有自己的人际交往，应该有放松心情的方式，应该有自己的事情要做，或阅读，或跑步，或逛街，或踢球，等等。这样才能丰富自己的内心世界，从而拥有独立的人格。这对两个人关系的长远发展是非常重要的。

爱人之间保持界限，让彼此有自己的空间，这是感情保鲜的秘密武器。爱情就像牛皮筋，既不能拉得太用力，又不能放得太松。爱情就像人的大脑神经，长时间的劳累，会让人崩溃，所以要适当留个空闲时间歇息。

在爱情的稳定期内，女人往往渴望继续保持热恋时的亲密状态，岂不知，爱情不可能总是处于“巅峰”状态，爱情的常态是平淡。但是如果彼此保留自己的空间，平淡的爱情也能经常出现“巅峰”状态。

王阳对李艳一见钟情，经过半年的追求，两人终于成了恋人，之后坠入了爱河。他们在刺激和兴奋中度过了一年，在这一年中，两人每天形影不离，虽然有很多快乐，但也难免有不少矛盾，把两人累得疲惫不堪，甚至“体力不支”。

一天，李艳认真思考了两人的爱情，突然顿悟：如此下去，这份爱情会失去新意，两颗心会越来越陌生。于是，她向王阳提出了“给爱情降温”的计划。在这份计划中，李艳提议两人要各自专注地做自己的事情，有自己的追求，偶尔给爱情加点料。

结果，他们的注意力从彼此的身上分散到其他事情上，彼此不再为取悦对方而绞尽脑汁，两人相处起来轻松很多，感情也变得更加深厚。

聪明的女人懂得与男人保持界限，知道彼此空间感的重要性。距离产生美，当彼此之间有了适度的空间感时，彼此的心理距离也会随之调整。事实上，空间的距离容易测量，难以把握的是彼此的心理距离。而爱情的安全线，恰恰是难以捉摸的心理距离。当彼此的心理距离逼近时，男人会仓皇地逃离女人的掌控。因为男人向往自由的呼吸，希望放松紧绷的心弦。所以，聪明的女人要记住：要与男人保持界限，让彼此有自己的空间。

男人非常害怕被爱情绑住，你把他抓得越紧，他逃离的欲望越强烈。但是，当男人遇到一个喜欢与他划清界限，且越界之后会被推回来的女人时，男人反而会想尽办法越过那条界线。“坏”女人就善于和男人画下楚河汉界，懂得与男人保持距离，让彼此有自由的空间。这对两人的关系是非常有帮助的。

比如，男朋友去酒吧鬼混，乖乖女知道后，可能会和男人大吵大闹，这会让男人非常厌烦，他可能不但没有愧疚，反而变本加厉地去酒吧鬼混。而“坏”女人知道男朋友去酒吧鬼混后，却什么都不说，这样反而让男人产生愧疚，于是他会对女朋友做出殷勤的补偿。

也许男人宁愿被打死也不愿意承认一个事实——他们既喜欢既定的规矩，又不是女人所想象的那样守规矩。只要身旁的女人不像他老妈一样，在这种情况下，如果他做了坏事，女人却没有絮絮叨叨，这一刻，他会对女人产生一种发自内心的愧疚感，他觉得女人非常有魅力，从而更加珍惜女人。

NO.4 “坏”女人神秘莫测，让男人浮想联翩

追求时尚的女人对“内衣外穿”和“透视装”两个词应该不陌生，透视装与内衣外穿两种风格较为接近，都是薄薄、透透的面料

制造春光乍现的视觉效果。虽然在视觉上，透视装与内衣外穿没有什么差别，但透视装更富有挑逗性，因为它若隐若现，充满神秘感，所以，对男人更有诱惑力。

其实，女人和衣服有着很多微妙的关联。女人穿衣服不宜穿得过于暴露，女人做人也不宜被男人一眼看穿。让男人看得到，却捉摸不透，这往往会让男人浮想联翩。在一个时尚名媛俱乐部的活动中，几个人无意中谈到“男人喜欢什么样的女人”，这时一个很有派头的中年男士冷不丁地说：“藏得住，摸不透。”此话一出，大家都表示赞同。

“藏得住，摸不透”，这六个字在相当程度上可以作为女人对男人的“吸引力法则”。女人要想长久地吸引男人，靠的不是惊人的美貌，也不是温顺的性格和超凡的才气，而是一种神秘莫测的味道。这样的女人最让男人勾魂摄魄，也最让男人魂牵梦萦，浮想联翩。

而当一个女人被男人看透时，她在这个男人面前就会非常被动。因为她的一举一动男人都了如指掌，这会让男人觉得乏味。这就像一部别人能完全看懂的书，即使故事再怎么精彩，男人也不愿意去看，更不愿意再去研究，再去欣赏。所以，聪明的女人绝不会如此，她们懂得：在男人眼里，得不到的永远是最好的，看不透的永远是最值得关注的。

中国著名建筑师、诗人、作家林徽因是一个才貌双全、风华绝代的女人。林徽因的魅力令大诗人徐志摩动心，徐志摩为了得到她，毅然决然地和自己的妻子离婚，然后准备和她在一起。林徽因的魅力令大学者金岳霖痴狂，金岳霖为了她终身不娶；林徽因的魅力令梁启超的儿子梁思成着迷，梁思成娶到她的那晚，诚惶诚恐地问她：“你为什么单单选择了我？”林徽因嫣然一笑，神秘地说：“我会用一生的时间来告诉你。”

在林徽因身上，我们看到了一种神秘莫测的朦胧美感，她把自己的人生演绎成希区柯克的悬念电影，在男人面前充满神秘感，猜想她内心究竟有什么秘密，背后究竟有什么样的故事。猜想意味着感兴趣，意味着女人的魅力永远不会褪色。也许这正是她的魅力所在，正是她能被多个男人视若珍宝的原因所在。

男人都对无法了解、无法掌握的事物充满了探求，在好奇心的驱使下，他们会努力揭开女人隐藏的秘密。在这个探求的过程中，男人对女人会越来越感兴趣。女人的魅力就是如此，就像蒙娜丽莎的画像一样，因为神秘而永远被别人好奇。所以，在爱情中，女人应该学会保留，这不是自私，而是智慧。为此，女人可以这样做：

（1）对曾经的情史闭口不谈

有些男人的占有欲很强，他对你的爱就是一种占有，不但想占有你的今天，你的明天，还想占有你的昨天。在他们看来，只知道你的现在，却不知道你的过去，不是真正的占有。所以，他们会对你的过去刨根问底，这个时候，你千万不要像竹筒倒豆一样把过去的情事和盘托出。因为你的“坦白从宽”很可能换不来他们的信任和彻底的放心，反而会让他们心生疑虑。正确的做法是，你轻描淡写地说几句过去的情史，或者干脆拒绝道：“我的过去很平淡，没什么好说的。”这样你会更有神秘感，男人会对你更有兴趣。

（2）永远不要让男人知道你有多爱他

如果你让男人发现你彻底归顺他了，他就会停止追逐的步伐。慢慢地，他可能对你不上心，对你越来越冷淡。所以，明智的做法是永远不让男人知道你非常爱他。如果男人问你：“你喜欢我吗?”你不妨装傻充愣，顾左右而言他，或者你可以直接了当地告诉他：

“这是个秘密。”这个时候，男人一定会对你意犹未尽，对你的神秘感抓耳挠腮。当你发现他整天追在你的屁股后面时，恭喜你，他已经进入你设计的爱情陷阱中了。

（3）让他知道你做不到天天与他厮守在一起

很多女人恋爱之后，就非常喜欢和男朋友天天腻在一起，尤其是乖乖女。这样就等于告诉男人：“我想和你长相厮守。”这时男人就知道你已经彻底被他降服了，如此，他会得意，会变得慢慢不那么在意你。明智的做法是，你要让他知道，你做不到天天和他厮守，爱情只是你生活的一部分，绝非全部。如果他真的爱你，一定会更猛烈地追求你。

（4）见他和别的女人好，你要假装不在意

不少乖乖女见到自己的男人和别的女人搭讪、搞暧昧，会非常生气，甚至会当场和男人吵起来。这种吃醋的表现如此暴露，会让男人在心里开心地笑起来，男人会觉得他很有魅力，自己的一举一动都会牵动女人的心。这对女人是不太有利的。明智的做法是，当男人和别的女人搭讪、搞暧昧时，你假装不在意，而且还要微微一笑，表现得非常淡定。当然，你也可以用同样的办法去刺激男人，或者向男人撒娇，把男人飘荡的心勾回来。

以上四点充分营造了女人的神秘感，使女人在男人眼里就像穿着一层薄纱，这比全裸更具诱惑力。如果你做到了以上四点，那么，你的男人很可能已经对你垂涎欲滴了。

NO.5 若即若离，让男人牵肠挂肚

女人如猫，先让我们来看一个关于猫的故事：

有一只淘气的猫，心眼特别多，每当家里来客人了，它都会出来“巡演”一番。客人见到这只雪白的小猫，也会摆出“粉丝崇拜”的架势。但是小猫的热情并不单纯，它有点儿欲拒还迎的态势。

某日家里来了一位熟悉的客人，因为多次来访，小猫对他也熟悉。客人坐定后，小猫神不知鬼不觉地来到客人的脚下，一双圆溜溜的眼睛盯着客人看。客人发现可爱的小猫之后，显得非常高兴，当他准备去抱小猫时，小猫却一个箭步钻到桌底。

过了一会儿，小猫又出现在客人的旁边，忽闪着一双美丽的大眼睛，看得客人真是心痒难耐。客人喊着小猫，小猫用它的“嗲”声呼应，好似对山歌。那歌声简直嗲到骨子里去了，让人心里发酥。客人经不起诱惑，又欣喜起来，可是当他扑过去时，小猫又闪开了。

无奈，客人只得悻悻然归坐……

当客人离开主人家时，小猫追了出去，蹲在门口对客人发起“嗲”声。而客人笑着说：“这小猫真可爱，可就是让人捉摸不透，好像故意勾人的女子，一会儿在你眼前，一会儿又跑开，一会儿给你一点甜头，一会儿又马上收回，真叫人心痒难耐又欲罢不能。”

在蒲松龄的《聊斋》中，无数英俊小生皆为“狐狸精”神魂颠倒，尽管狐狸精的招法各有千秋，但有一个相同点就是行动上飘忽不定，若即若离，让男人牵肠挂肚。

“坏”女人就像狐狸精一样，对追求者始终若即若离。当男人离她稍远时，她会对男人热情招手；当男人靠近一点时，她又退后几步，让男人只可观赏，而触摸不到。她们就像一串看得见却吃不到的葡萄，把男人馋得直流口水。这种女人对男人的心理有深刻的了解，她们知道若即若离能激发男人的追逐欲，能激发男人的欲望。事实上也是如此，男人总是为女人的若即若离痴狂，而女人不用费什么力气，便能让男人追随到天涯。

林子苦苦追求丽丽两年，最终功夫不负有心人，丽丽总算答应和他恋爱了。在这期间，有不少女人主动追求林子，但都被林子拒绝了。原因很简单，那些女人在林子眼中太过主动，太过狂热，让林子觉得肤浅。

而丽丽却与众不同，无论在思想上，还是在行动上，都让林子觉得难以捉摸，这极大地激起了林子的挑战欲。比如，每次约会林子都要提前与丽丽约定时间和地点，因为丽丽是个“与众不同”的女孩，上次在林子家门口的小街上闲逛，下一次可能要去十里之外的河边散心。

另外，丽丽隔三差五地就要“出差”一次，事实上，她不是真的要出差，而是假装出差，和林子分开几天。而在这几天里，林子总是对丽丽牵肠挂肚，电话总比往日多了很多。有一次林子过生日，丽丽原本在外地“出差”，但是当林子即将吹灭生日蜡烛的时候，她准时敲开了林子的家门，及时出现在生日晚会上。所以，林子当时的许愿是：“要爱丽丽一万年。”

有时候林子约丽丽见面，丽丽会接二连三地拒绝，原因很简单，她要和朋友一起逛街，或要参加朋友的聚会。越是这样，林子越紧张，生怕丽丽爱上了别人，偷偷和别的男人约会。林子实在受不了了，他决定向丽丽求婚，这样就能彻底得到丽丽。

可是当林子向丽丽求婚时，丽丽却拒绝了，她说：“我们的感情到了结婚的地步吗？我们还是先给彼此两个月的时间考虑吧，在这期间，我们不要见面了。两个月后，我们再考虑是否适合结婚。”

在这两个月里，林子给丽丽打电话，发现电话关机；林子到丽丽公司的楼下等她，但却没见到丽丽的身影；林子去丽丽住的地方找丽丽，却没人开门；林子向丽丽的同事打听丽丽的消息，同事都说不知道。林子彻底慌了神，因为丽丽仿佛人间蒸发了一样。

两个月后的第一天，林子给丽丽打电话，电话终于通了。没想到，丽丽的第一句话是：“我要结婚了。”林子懵了，心想：在这两个月里，你躲着我，原来是和另一个人谈情说爱去了。但是丽丽接着说：“亲爱的，我把结婚的事情都计划好了，就等你一起去拍婚纱照，去度蜜月旅游了，你看什么时间好呢？”这一刻，林子才明白过来。不久，林子和丽丽结婚了，林子彻底成了丽丽的俘虏。

看过电影、电视剧的人都知道，最吸引人的不是开头或结局，而是其中跌宕起伏的剧情，因为这能给人无限遐想，能吊人胃口，让人觉得刺激，欲罢不能。其实，男人也喜欢善变的女人，如果女人时而靠近男人，时刻远离男人，给男人一种想抓又抓不到的飘忽不定感，那么男人会对女人产生更浓烈的兴趣和期待，也最想把这样的女人娶回家，因为他们想把这样的女人抓住，回家慢慢将其看透。

从某种程度上讲，若即若离是女人安全行走在情场的“护身符”。因为若即若离对男人是一种艰巨的考验，意志力较差、勇气稍逊的男人，就很容易在女人的若即若离下临阵脱逃，只有“爱之深”的男人才会“追之切”，才会坚持追求到底。而当男人花费巨大心血和精力把女人追到手时，他自然不会轻视。因为这是来之不易的“女王”，他往往会用心真爱。

台湾女作家张小娴曾经说过：“要令男人爱你，最重要的不是朝夕相对，而是若即若离。令爱情长青的，不是不离不弃，而是离而不弃，要擅用‘离别’。”怎样做到对男人若即若离呢？下面提供几点建议：

（1）偶尔消失一段时间

别一天到晚围在他身边，像贴身秘书一样。尤其是在婚后，如果你大门不出二门不迈，每天像个大家闺秀一样守候在家里，男人就会有一种心满意足的感觉。慢慢地，他就不会紧张你，在乎你，再慢慢地，他可能会对你冷淡。所以，你不妨偶尔消失一段时间，让他为你紧张，为你着急。

印度诗人泰戈尔说过：“我一次又一次的离开，是为了一次再一次的回来。”所以，你要学会安排自己的生活，偶尔跟闺蜜喝喝茶、逛逛街，甚至突然不辞而别，消失一段时间，让他找不到你。如果他真的在乎你，当他找不到你时，一定会抓狂。

（2）偶尔让他联系不到你

在爱情中，不要经常没完没了地给他打电话，要让他有事没事给你打电话。偶尔你可以一两天不主动跟他联系，他一定会打来电话找你。此时，不妨故意不接电话，或声称手机没电，让他着急。

作家雪莉·阿格在她的《男人恋上聪明女人》一书中说：“有时可以让电话答录机或者手机的语音箱来回应。这会让他意识到你是一个值得等待和花心思的女人，所以，让他去为揣测你在做什么而绞尽脑汁吧。”这一招可以轻松测出男人对你的用心程度。

（3）偶尔当个甩手掌柜，让男人体验没有你付出的日子

有研究显示，当老婆突然甩手不干家务活时，平时不怎么干家务的老公会慌乱起来，变得无所适从，他会意识到老婆的功劳。所以，这样可以让他看到你的价值，可以迅速促进感情升温。

NO.6 揭秘枕边人的“妈妈/情人综合征”

在心理学上，有一个现象叫“妈妈/情人综合征”，它是指男人对妈妈那样的女人不来电，而对难以捉摸的情人却充满激情。用一个公式来表达，就是：可靠＋乏味＋妈妈＝不来电，难以捉摸＋善变＋情人＝迸发爱的激情。妈妈/情人理论认为，男人要么把女朋友看成“妈妈”，要么把女朋友看成“情人”。在这里，情人并不是指性工具，而是代表与他有恋爱关系的女人，以及他梦寐以求的女人。

你是妈妈类型的女人，还是情人类型的女人呢？如果你是前者，尽管你美丽可爱，对男人照顾周到，像母亲一样关怀男人，给他洗衣做饭，给他洗熨衣服，但是很抱歉，男人不会真正对你感兴趣，甚至会狠心抛弃你；如果你是后者，尽管你善变、难以捉摸，但是却能使男人迸发出爱的激情，他会像追逐猎物一样去追求你。

梅梅为了支持他的男朋友武强读研究生，辞去了自己的工作，像妈妈一样地照顾着武强。每天早晨，她会像闹钟一样准时叫武强

起床晨读，而晚上则会陪着武强学习到深夜。她还会帮武强做饭、洗衣服、打扫卫生、收拾床铺，就连武强的内裤，也是梅梅手洗的。

梅梅接替了武强母亲的工作，却没得到武强的认同。武强会抱怨她做的饭菜不合胃口，责怪她衣服没有洗干净，更严重的是，武强心情不好，就会对梅梅横眉冷对。

武强喜欢打篮球，经常因打篮球耽误学习。梅梅多次劝阻她不要醉心于打篮球，但是武强置若罔闻。梅梅曾多次打电话给武强，督促他多看书，少打球，可是武强就像淘气的孩子，经常逃学去打篮球。这让梅梅非常失望。

然而，更让梅梅失望的是，武强竟然经常对梅梅大发雷霆，怪梅梅干涉他的生活。后来，武强向梅梅提出了分手，然后投入了另一个女人的怀抱。

看到梅梅如此下场，我们除了同情她，还能做什么呢？对于武强来说，梅梅的照顾满足了他对“妈妈”的依恋。但是，“妈妈”的喋喋不休，再加上无时无刻不在的电话追踪，让武强失去了自由。由此可见，妈妈类型的女朋友会让男人觉得没有自由，男人并不喜欢妈妈类型的女人。那么，男人喜欢什么样的女人呢？

其实，有时候男人更喜欢情人般的女朋友。尽管这种女人有点“坏”，有点懒，她不按常理出牌，有时候还会要弄男人，但是男人并不会记恨于心。相反，男人会觉得她调皮可爱，有个性，能给自己带来新鲜感，让生活变得有乐趣。

有个女人刚结婚不久，为了让老公分担一些家务活，在一次洗衣服时，她故意把自己的红T恤衫扔进放有先生白色棉质内衣的洗衣机中，然后盖上洗衣机，给水加温。结果，先生的白色棉质内衣被染成了红色。先生看到自己的内衣被染红了，当即对她说了一句她最渴望听到的话：“以后你再也不用洗我的衣服了。”

从那以后，先生主动洗自己的衣服，甚至有时候还会给女人洗衣服。当女人偶尔给男人洗衣服时，他会非常关切地说：“老婆，你辛苦了。”每当这个时候，女人都会撒娇道：“你这个坏蛋，知道我辛苦还不快来帮忙，快点，把衣服晾起来。”这时男人总是积极地过来晾衣服。

这个“坏”女人故意把丈夫的衣服染红，为的就是避免给丈夫洗衣服。不可思议吧，或许你会批评这个女人的无理取闹，但是你不得不承认这个女人是讨丈夫喜欢的。想不到吧，男人有时候就是这么贱，你像妈妈一样照顾他，他却烦你，而你像情人一样，懒一点、坏一点，他却把你当成宝贝一样呵护。

当然，虽然男人喜欢情人一样的女人，但是男人也希望老婆像母亲一样照顾自己，男人常说的“上得了厅堂，下得了厨房”就是最好的证明。可以说，更多的男人喜欢女人是妈妈和情人的综合体，既有情人一样的情调，又希望妈妈那样周到地照顾自己。如果你对男人少一点限制，少一点唠叨，小一点监督和怀疑，同时多一点小“坏”和搞怪，就很容易让男人一辈子为你着迷。

如果你是乖乖女，是妈妈那样的女人，那么你最好禁止下面三种带有母爱色彩的行为：

第一，不要盘查男人，也不要要求男人向你汇报白天的行踪。比如，他接完一个电话，你不要马上就询问是谁来的电话，或是在他打电话时插话。这种举动，与妈妈的行为没有什么区别。时间久了，男人对这种行为会感到厌烦的。

第二，不要指望（在你没有事先要求的情况下）男人把所有的空闲时间都和你一起度过。不要把周末的时间都安排得满满当当，否则，他想去钓鱼还要向你请假。如果他喜欢钓鱼，你就让他去钓鱼吧！

第三，不要对男人唠唠叨叨，也不要对男人过分卿卿我我。不要总是婆婆妈妈地对他说："歇一会儿吧。""工作别太累了，记得休息。""上班前，要吃点儿东西。""去洗洗手。""要洗漱了。"你要记住，如果他饿了，他知道买吃的；如果他累了，他知道休息，不用你总是在耳边絮絮叨叨，否则，他会对你厌烦的。

你要做的就是，让男人觉得你有大量的时间去做自己的事，你不是为男人而活，而是为自己而活。如此，男人会觉得你很有魅力。对他而言，你应该一半是情人，一半是妈妈。你可以适当地关心他，体贴他，但更多的时候，你应该像一个情人，给他自由，而不是给他羁绊，给他鼓励，而不是给他指责，如此，男人将会为你痴狂。

NO.7 在他眼里，你是"坏"女人吗？

在他眼里，你是"坏"女人吗？

他希望你待在家里。而当你要出门办事时，你是打电话给他，随时汇报你的行踪，还是不告诉他，让他打电话来找你，让他去猜你在干什么呢？

他说到达某地之后的某个时间会给你打电话，但是时间过去了两个小时，他却迟迟没来电话。这个时候，你是主动打电话过去，关切地问他情况，问他："你为什么还不打电话来？你不是说给我打电话吗?”还是假装没这回事，不表现任何不高兴的情绪，甚至当他打来电话时，你故意迟迟不接通电话?

他有些内向，有些忧郁，有些不善言谈。你是不停地刨根问底：“你怎么了?你到底在想什么?”还是假装不在意，保持沉默，任由他不说话，看谁熬得过去?

他因故迟到了很久，让你空等许久。在这段等待的时间内，你是多次打电话过去，责备他不守时，不尊重你?还是等了半个小时之后，决定不再等了，一走了之，去做自己的事情?

在以上几个场景中，你的表现符合前者，还是符合后者?如果是前者，那么很遗憾，你算不上“坏”女人。后一种表现才是“坏”女人的常见手段，她们不是那种嘶哑着嗓子说话的女人，也不是生硬粗暴的女人。

“坏”女人不温不火，不冷不热，不紧不慢，她们和男人之间仿佛永远有一种距离感，让男人想抓又抓不到，想回避又回避不开，她们总是在男人眼前浮动，又冷不丁地隐藏自己。从这个角度来看，坏女人更让男人捉摸不透，更容易激起男人的兴趣。

“坏”女人是非常可爱的，她们就像蜜桃一样的香甜。只不过，坏女人的内心有一粒坚硬的核。这意味着，男人可以轻松接近她，但很难彻底征服她的心；意味着男人可以欣赏她的容貌，但是不容易拨开她内心的核。因此，她们对男人永远有一股新鲜感，永远会刺激男性的荷尔蒙，让男人欲罢不能。这样一来，她们更容易牢牢抓住男人的心。

如果你也想像“坏”女人那样牢牢抓住男人的心，那么，你有必要做好以下几点：

（1）永远不乞求男人的怜悯

不论你是某个公司的CEO，还是某个餐厅的服务员，不论你的月薪过万，还是月薪只有1000元，你都应该自信地生活、真诚地生活。因为你有自己的尊严，有自己的荣誉，所以，你要保持独立，绝不靠男人的怜悯度日。

（2）对他漫不经心

当你被男人追求时，你不要表现得欣喜若狂，而应表现得漫不经心。在这一点上，王菲就做得非常到位。她是一个充满漫不经心气质的女人，当谢霆锋先追求她时，她表现得漫不经心。后来，谢霆锋转而追求张柏芝时，王菲依然表现得漫不经心，没有丝毫痛心疾首的样子。假设一下，如果王菲见谢霆锋追求自己，就欣喜若狂，或见谢霆锋追求张柏芝去了，她就变得痛苦不已，那么谢霆锋可能会暗自叹服自己的魅力。值得一提的是，漫不经心并非旁若无人，并不是不尊重他，而是表现得淡定从容，没有任何慌乱。

（3）不让他看见你的狼狈相

当你思维混乱时，当你着装凌乱时，当你的情绪波动比较大时，你最好避免与他交流。你最好给自己头脑清醒的时间，然后再和他见面，与他交流。

（4）对某些事情的热情超过对他的需要

永远不要让男人觉得你对他“一旦拥有，别无所求”，你要让他觉得你还有很重要的事情要做，在你的生命里，他只是一部分，而不是唯一。你要让他知道，他在你心中没有特权，如此，男人会努力去争取获得特权。

第三章

Chapter 3

女人，要学会说“不”

行走于世间，爱或不爱，接受或拒绝，考验着每一个女人。对女人来说，说“不”不仅是自我保护的手段，还是一种修养、一种觉悟、一种智慧。因此，如果你不想变成软弱的小绵羊，如果你不希望承担无力说“不”的后果，那么你就应该理智地说“不”，早一点“止损”。这是女人独立于社会的最基本要求，也是获得幸福的必要智慧。

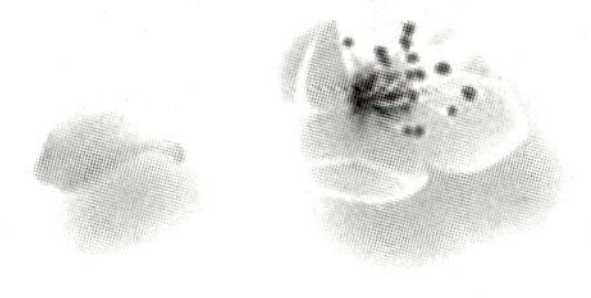

BEING A WOMAN SHOULD NOT BE
TOO HONEST

NO.1 ↘拉倒吧！别让自己变成软弱的小绵羊

你看过《沉默的羔羊》这部电影吗？在电影中，女性被比喻成羔羊，她们纯洁善良，但是软弱无比。在罪犯们眼里，她们就是任其宰割的羔羊，很多无辜的女性被罪犯杀害。只有女主角才是真正的勇士，她坚强勇敢，与罪犯斗争到底，最终打破了女性羔羊般的懦弱形象。

在现实生活中，很多女人也和影片中的女人一样，她们善良、懦弱，她们总是那么本分，那么规矩。在工作中，她们任劳任怨；在生活中，她们洁身自好；在爱情中，她们贤惠、体贴。可是，她们却经常吃亏上当，遭遇不幸。

在著名女性作家、节目主持人吴淡如的博客中，有这样一个故事：

小婷22岁，长得很甜美，个性很温柔。按理说，她应该是很多男生喜欢的类型。但是出人意料的是，她却说自己是个“倒霉蛋”。怎么回事呢？原来，她从小家教严谨，从中学到大学都在加拿大读书，养成了温良恭俭的习惯。父母不允许她和“洋人”谈恋爱，经常叮嘱她：找对象一定要找华人。但是，在她读书的小镇里，并没有多少华人。

小婷在大一的时候，交了第一个男朋友，对方的家世不错，他的父母和小婷的父母有不错的交情，当那个男孩对小婷表达好感时，小婷本来不打算接受，因为她觉得那个男生离自己心中的白马王子形象差得太远：身高不到一米七，说话很无聊，长相很抱歉。可是，小婷的父亲一直鼓励她和那个男孩交往，理由是：“我们和他父母都认识，他不敢欺负你。”

在大家的鼓励下，小婷试着和男孩交往。可是，没过半年，男孩主动提出和小婷分手。这让小婷怎么也没想到，她说：“他的条件那么差，居然还甩我。”为此，小婷消沉了大半年，每天都活在痛苦和沮丧中，她后悔当初不该接受她，后悔没有拒绝父母的建议。

明明不喜欢，却还要委屈自己去接受，这就是乖乖女小婷的软弱。她的软弱和顺从让她吃到了苦头，尝到了痛苦，但愿她从此以后不再软弱。

其实，乖乖女并不是不懂得拒绝，只是从小习惯了服从，缺乏拒绝的勇气。当一件事情该拒绝，她们却没勇气拒绝时，她们的内心是痛苦的。有个女人在博客里痛斥自己的软弱和妥协，文章是这样写的：

“为什么我总是违背自己的感情？为什么我像绵羊一样善良？为什么我不敢对别人说‘不’？为什么我要把别人的快乐建立在自己的痛苦上？为什么别人欺负我，我还会笑着说‘没关系’？为什么我总是被欺负？我讨厌自己，我不想成为一个软弱的女人！”

女人虽然不像男人那样充满力量和坚毅，但女人不能失去勇气和智慧。面对该拒绝的事情时，如果你像鸵鸟一样逃避，以为遮挡住了眼睛就逢凶化吉，那么往往会使别人得寸进尺，最后把你逼到绝境之中。

兰欣有了女儿之后，他们开始过着“男主外女主内”的生活。后来，丈夫失业了，待在家里的那段时间，他买了一台电脑，经常上网和网友聊天，其中有个女网友和他聊得特别投机。时间久了，两人似乎聊出了感情。看着丈夫不出去找工作，整天在家上网，兰欣居然没有任何怨言。

后来，丈夫去见那位网友了。离家一个月后，他给兰欣打来电话，一开口竟然向她要钱。面对丈夫过分的行为，兰欣一次次地给他寄“外遇费”，一次次地苦苦哀求他回家，前后累计寄给丈夫3万元。

亲戚朋友得知这一情况，都说兰欣傻，兰欣却说：“我只想用行动感动他回家，因为这个家需要他。”可是兰欣的想法未能实现，有次女儿生病了，她哀求丈夫回来，丈夫竟然不理……

你会为案例中兰欣的行为惊讶吗？面对老公外遇，她不但没有发怒，反而心生怜悯，一次次地倒贴“外遇费”。她就像一只软弱的羔羊，遇到猛如虎的丈夫时，她被彻底吞没了。

在爱情中，“软弱羔羊”是不值得同情的，因为女人的软弱不会赢得男人的理解和同情，女人是在自找委屈。这就像周瑜打黄盖，一个愿打，一个愿挨，女人又能怪谁呢？

女人，你的名字不叫“弱者”，你的纯洁善良不是你软弱的理由，你不能再继续委曲求全了，更不能无止境地宽容和忍耐，你应该学会尊重自己，保护自己，要学会争取自己应得的利益。这样你才有可能赢得男人的尊重，赢得男人的欣赏，继而获得男人的珍惜和爱护。

NO.2 为什么女人比男人更难以说“不”

我们知道，与男人较为理性的思维相比，女人是较为感性的动物。男人是钢铁做的，女人却是水做的；男人具体而明晰，女人抽象而混沌。也许正因为如此，女人才会比男人更难以说“不”。尤其是在爱情中，女人往往担心拒绝会带给男人伤害，导致爱情破裂。于是，一个个乖乖女在男人的连哄带骗下失去了自己，被男人占为己有，并承受着可能被抛弃的担忧和痛苦。

美美恋爱了，这是她期盼已久的事情。在她和男朋友交往还不到一个月时，男朋友就向她提出了做爱的要求，说想要完整地拥有她。美美当时不答应，男朋友马上不高兴了。几天后的一个月亮之夜，两人在林荫小道上激情热吻，两人都非常激动，于是男朋友又提出了要做爱。也许美美当时正在“性”头上，也许她害怕拒绝之后，男朋友又不高兴，于是她答应了。

从此之后，基本上每次他们见面，男朋友都要求做爱，而美美基本上也没有拒绝。一开始男朋友对美美非常迷恋，每天给她打很多电话，发很多短信，还给她买礼物。但是渐渐地，美美发现男朋友越来越不重视她了，电话少了，短信少了，也不再送她礼物。后来，美美和男朋友因为一件小事发生了争吵，没想到男朋友撂下一句：“算了吧，我们分手吧！”美美没有挽留。

可是没过多久，男朋友又来找美美，他说失去后才发现原来很爱美美。在他的哀求下，美美又答应和他在一起。没过几天，他又向美美提出性要求，这时美美不再答应，男朋友马上不开心起来。

在随后的几天，男朋友软磨硬泡，又是给美美买礼物，又是带她去看电影，之后当男朋友提出性要求时，美美变得不忍心拒绝了……

乖乖女为什么不好意思拒绝呢？或许是因为碍于情面。或许她们内心也想拒绝，但是碍于情面，怕别人不高兴，于是委屈地点点头。或许是害怕冲突，特别是在恋爱中，乖乖女最担心的是，拒绝男朋友会影响恋爱关系，导致感情冲突。

其实，一味顺从、答应未必是好事，拒绝也未必不是好事。因为对女人来说，有原则地生活，有原则地交往，才是理智的。因为女人行走在社会上，要与各种人打交道，难免会受到不同请求的困扰，如果不懂得拒绝，任何请求都答应，就算你有 72 变也无法满足所有人的请求，结果，只能把你累得半死，却被人戴上“言而无信”的帽子，何苦呢？

所以，赶快学会拒绝吧！对于任何请求，你应该有一个严格的标准，什么样的请求可以答应，什么样的请求应该拒绝，通过这个标准一衡量，你就非常明白了。对于你能做到的事情，而且你愿意做，那么你就答应别人吧。对于你无法做到，或你不愿意做的事情，勇敢地拒绝吧。不要害怕伤了别人的情面，也不要担心被人怨恨，因为说“不”是你的权利，你不是仁慈的上帝，你没有义务对别人有求必应。所以，女人要学会说“不”。

善于说“不”的女人是成熟理智的。面对变幻莫测的外界诱惑，女人首先想到的是自己，以及自己的爱情、孩子和家庭，哪怕诱惑再有魔力，她也会坚决抵制。因此，她是成熟理智的，是对自己负责的女人。

善于说“不”的女人是勇敢、美丽的。面对男人的性骚扰和不怀好意的要求，女人毫不含糊，严词拒绝，不给男人可乘之机。即便在恋爱中，女人也不会向男人的过分要求妥协，这样他才能活得有个性，活得美丽。

善于说“不”的女人是智慧的。面对复杂的人际交往，尤其是复杂的感情生活，善于说“不”的女人是沉着稳重的，她懂得察言观色，善于洞悉男人的心思，能够将问题考虑得长远，即便是拒绝，也是在具体分析利弊之后的决断。这样既能巧妙回绝，又能避免卷入麻烦。

善于说“不”的女人是可爱的，她被每一个有品位的男人欣赏，值得每一个好男人去珍惜。因此，乖乖女们，赶快行动起来，努力做一个善于说“不”的女人吧！

NO.3 无力说“不”的后果

乖乖女通常天性驯良，经常把别人的感觉放在第一位，做事情时喜欢先为别人考虑。当遇到别人的请求或邀请时，明明心里不愿意，却又不好意思说“不”，甚至在公交车上被性骚扰时，也会在“喊”与“不喊”的问题上犹豫老半天，怕喊出来遭到别人异样的眼光，更怕与人产生冲突，于是她们可能干脆忍着。

与在公共场合被性骚扰带给你短暂的痛苦相比，生活中，有些事情给你带来的却是长期的痛苦。特别是感情上的事情，比如，一个你不太喜欢的男人追求你，你却无力拒绝，结果他经常给你发短信、打电话，你不回复、不接电话显得不礼貌，你回复、接电话吧，又没什么共同语言，让你左右为难。再比如，男朋友向你提出性要求，你明知你们的感情还没到那个地步，但是由于你无力拒绝，男朋友以为你默许了，于是占有了你的身体。

芳芳是个典型的乖乖女，有一次，她认识了一个外地网友，在网上聊得非常投机，也交换过照片，她觉得对方长得蛮不错的，人也蛮幽默，就答应做他的女朋友，于是开始了一段“隔空恋爱”。

在网上交谈了两个月后，一天，男朋友说想和芳芳见面，芳芳答应了。那天，芳芳把自己打扮得很漂亮，拿着照片到火车站接男朋友。当男朋友出现时，芳芳发现他远不如照片上帅气，谈吐也很不入流。可芳芳抹不下面子拂袖而去，心想，他来一趟也不容易，于是勉强陪他玩了一个星期。

芳芳的痛苦陪伴让男网友以为她对自己有意思，于是，最后一天晚上，他竟然邀请芳芳一起住旅馆。芳芳一开始不同意，但是男朋友解释说：“我只想和你靠在床头，多聊聊，因为明天我就要回去了。”于是芳芳半推半就地答应了，结果那一晚，她失去了处女之身。更可怕的是，一个月后她发现自己怀孕了，而当男朋友得知这个消息后，居然消失了，再也联系不上。

借用《天下无贼》中的一句经典台词：“黎叔很生气，后果很严重。”我们想说的是，女人不懂拒绝，后果很严重。就拿芳芳的遭遇来说，其实明明是可以避免的，但因她无力说“不”，才会一步步跌入痛苦的深渊。

每个女人这一生都难免会碰上几个坏男人，这个时候，你千万不能因为太过随和、太过迁就、不懂拒绝而上当。知名女作家吴淡如说过：“该得罪的人，就算你不想得罪他，也没有必要讨好他。”就像芳芳，她能委屈自己，陪男网友一个星期，这已经是很够朋友了，为何还要“献上身体”迎合他呢？

当然，不只是恋爱中的女人需要学会说“不”，结了婚的女人同样需要学会说“不”。面对一些你不想做的事情，如果你无力说

“不”，一味地忍气吞声，痛苦的将是你自己。

佳佳结婚后，和老公住在新房里，公公婆婆生活在旧公寓里。原本与婆婆分开生活是她期盼的事情，但是他们家有一个不成文的规定，就是每个周末，她的公公婆婆都要来他们家，而丈夫要求她每个周末都要做上一桌子公公婆婆爱吃的菜。

起初佳佳没有什么意见，也做得很好，但是没想到这件事一做就是10年。后来，佳佳对这件事的忍耐已经超出了限度，每到周五就睡不着，她心里盘算着明天要买什么菜。渐渐地，她开始痛恨周末。

到最后，她为此得了心病，心病又引起了身体不适，于是没到周末就开始偏头痛，疼得她在床上打滚。公公婆婆见她偏头痛，就说礼拜天不来了。听说公公婆婆不来了，佳佳第二天头就不疼了。

后来佳佳咨询心理医生，心理医生告诉佳佳：“你的症状是因为你潜意识里痛恨周末，恨不得生病导致的。你甚至宁愿去死，也不愿意过周末，可以说，你对‘周末给公公婆婆做一桌子菜这件事’恨到了极点。其实，这都是因为你不懂拒绝，如果你和丈夫说明自己的想法，拒绝每个周末给公公婆婆做一桌子菜，也许你丈夫会理解你，可是你为什么不说呢？”

佳佳说：“我很想拒绝，但是我担心说出来之后，丈夫觉得我不孝顺。万一公公婆婆把这件事到处说，我该怎么办呢？万一因为这件事丈夫和我离婚，我该怎么办呢？我的名声全败坏了……”

也许，很多女人或多或少都有不敢拒绝的心理，于是让自己带着虚伪的面具与人相处，做着违背真心的事情，委屈地活着，试问，这是你想要的生活吗？如果不是，为什么还要继续无力说“不”呢？

喜剧大师卓别林曾说：“学会说‘不’吧！那你的生活将会美好得多。”是的，你没必要成为有求必应的“好好女人”，就算你真的想成为“好好女人”，你也无法做到。因为人们的要求永无止境，或合理，或不合理，你或者可以满足，或者满足不了。这个时候，唯有勇敢地说“不”，才是最明智的选择。

NO.4 从一个双唇音开始，坚定而自信地拒绝吧

在社会这个大圈子里，女人难免会和各种各样的人打交道，这时就应该把握好做人做事的分寸，该拒绝的时候懂得拒绝。比如，一个轻浮的客户对你做出有损你尊严的举动时，你应该巧妙地拒绝。既避免你被他占到便宜，又保证不影响你们的合作关系。

可是，很多女人在拒绝时，往往觉得不好意思，怕伤人心，或是拒绝不坚定，优柔寡断、半推半就，这样的拒绝显得软弱无力，这就好比你和别人比武，别人出拳，你却给人挠痒。一旦别人看出了你的弱点，就会向你发起猛烈“进攻”，于是你注定被“打倒在地”。所以，如果想拒绝，就应该坚定而自信、干脆利落地拒绝，不要给别人留有任何悬念和余地。

尤其是在关乎你人生的大事上，你一定要保持理智，该拒绝时坚定地拒绝。比如，在爱情中，面对一个你不喜欢的男人的追求，你应该大胆地说“不”；面对男人得寸进尺的行为时，你也应该大胆地说“不”。这样你才不会轻易受到烦恼的牵绊，你才能找到真正的幸福和快乐。

小葵和男友交往了一年多，父母都觉得他们该结婚了，于是张

罗着给他们筹办婚礼。就在这个时候，男友提出了很多不平等的要求，比如，礼金要全部归他家所有，婚礼费用两家平摊，结婚后逢年过节必须在他家过……面对如此不讲道理的男友，小葵当即决定不和男友结婚，而是和男友分手。尽管喜帖已经发出去了，酒席也预定好了，小葵也毫不在意。她对父母说：“我男友的行为让我明白，他不是我想嫁的男人，我要把这个自私的男人踢得远远的。”

该拒绝时一定要勇敢地说“不”，没有什么不好意思的，因为今天你的一再妥协、容忍很容易助长别人的气焰，别人可能觉得你软弱好欺负，今后一而再、再而三地在你头上“动土”。到那时，你就会非常被动了。小葵的做法告诉我们，女人不是软弱者，不应该被欺负，该拒绝时应毫不留情地拒绝。

不过，拒绝不是简单地说“不”，有时候还需要智慧。只有聪明的拒绝，才能达到拒绝的真正目的——既不伤人，又不伤己，皆大欢喜。下面就来介绍几种有效的拒绝方法：

（1）不用开口法

有些女人在拒绝之前，心中练习了 N 次该怎么说，可是面对对方时，又下不了决心，总觉得难以启齿。这个时候，不妨运用肢体语言——摇头。一般来说，摇头代表否定，别人见你摇头，自然会明白你的意思。

（2）直接拒绝法

有时候，拒绝别人不需要讲明理由，你只需说：“不必了，谢谢。”“不需要，谢谢。”这样别人自然会知趣地离开。比如，面对推销员时，这种方法非常有效。

（3）转移话题法

当别人邀请你做一件你不想做的事情时，你可以通过转移话题来回避对方的邀请，巧妙地暗示对方：你对他的邀请不感兴趣，这样他往往会知趣而退。

在一个相亲派对上，娟娟认识了一个男士，两人聊得挺不错，但相处了一段时间后，娟娟发觉他们并不合适。面对男士的约会邀请，娟娟总是用转移话题法拒绝对方。比如，男士打电话问娟娟：“晚上我们一起吃饭吧?”娟娟会说：“我在看电视呢，你在干什么?”这样的次数多了之后，男士明白娟娟的意思，便不再和娟娟联系了。

面对不好正面拒绝的事情时，你不妨采用转移话题法，通过迂回战术表达你拒绝的意思。这样不至于撕破脸面，让对方难堪。

（4）拖延时间法

对于别人的请求，如果你担心直接拒绝会伤害对方，不妨采取拖延时间法来拒绝。拖延时间法包括两种情况：一种情况是，一再表示考虑考虑，但就是拖延时间不予答复；另一种情况是把别人定下的时间往后推，比如，同事邀请你明天去他家玩，可是你不想去，如果你直接说：“我不想去。”肯定不合适，你还不如说：“明天不行啊，要不下次?”这样效果会好很多。要注意的是，如果你已经承诺了，还一拖再拖，就会影响你的信誉。

（5）陈述理由法

在拒绝别人的时候，你还可以采取陈述理由法，让别人理解你的苦衷，表达一种爱莫能助的心情。通常，你所陈述的理由应该是对方能认同的，这样才有说服力。比如，有人让你借钱给他，而你没办法帮忙，这时你可以告诉他：“我不久前刚买车，现在每个月还要交车贷，真的没钱借给你了。”买车是事实，对方是知道的，这样就很有说服力了。

（6）模糊应答法

模糊应答法的功效在于，既给对方一丝希望，又不至于让对方太失望，还给你留下了回旋的余地。

莹莹当上了某银行的人事处处长，很多亲戚朋友就利用各种机会邀请她吃饭。她想，如果总是去赴约，会耽误工作，而且“吃人嘴短”，到时候别人要我帮忙，我还不好拒绝。于是，她采取了模糊应答法来应对。

一次，某人利用自己孩子过生日的机会，请莹莹去做客。莹莹不好拒绝，便说：“你定的那日子不巧碰上了上级来检查工作，到时候如果我没有要紧事，我就抽空赶过去。”言下之意，如果有要紧事要办，就不过去了。这样一说，对方也就不再说什么了。

（7）利用他人法

在拒绝的时候，你可以巧妙地利用“第三者”转告你拒绝的意思。比如，当别人向你发出邀请，而你不好当面拒绝，或你觉得亲口拒绝不合适，这时你可以让他人代为转达你的拒绝之意。这样可以巧妙避免双方见面的难堪，而事后由于事情过去了，双方见面了也不会觉得难堪。

NO.5 练习1：遇到这些事情，你要说“不”

助人为乐是中华民族的传统美德，成人之美赢得他人好感的重要手段。既然如此，为何我们又要拒绝别人呢？在什么情况下要拒绝别人呢？

一般来说，当别人的请求违背了这样几点时，我们就该考虑拒绝了：违背了我们做人的原则；不符合我们的兴趣爱好；违背了我们的价值观念；会导致我们陷入不利的境地；有损自己的人格；会助长我们的虚荣心；会导致违法犯罪，等等。

对于违背了我们做人原则的事情，我们应该说“不”。假如你是一个光明磊落、公正正直的人，那么当别人让你帮他偷奸耍滑、徇私舞弊时，你应该勇敢说“不”。比如，你是公司的财务人员，有做假账的机会。一天，一个同事找到你，让你帮忙做一个假账，让他吃点回扣，他许诺给你一定的好处。这个请求违背了你的做人原则，那么你应该果断地拒绝。如果你不拒绝，而是答应帮忙，那么一旦东窗事发，你将会承担严重的后果，你可能因此丢掉工作，甚至还可能受到法律的惩罚。

对于不符合我们兴趣爱好的事情，我们可以说“不”。假如你不喜欢登山、露营等户外项目，而你的朋友却邀请你与他一起登山、露营，你可以说“不”。当然，这种事情是否应该拒绝，完全取决于你自己的意愿。如果有一天，你突然想尝试一下登山、露营等活动，你也可以爽快地答应。

对于违背我们价值观念的事情，我们可以说“不”。假如在你的价值观念里，保守、安全、稳定、谨慎等是你所追求的，那么当别人要求你改变这种价值观念，去做一件充满风险的事情时，你可以选择拒绝。而且你的理由很充分，你可以说：“我向来不做没有把握的事情，你所说的事情风险太大，我不想做。”

对于会导致我们陷入不利境地的事情，我们应该说“不”。在生活中，你难免会遇到亲戚、朋友、同事等人的求助，你有能力帮忙自然是最好，但是如果你的能力有限，无法帮别人解决困难，就没必要勉强自己。否则，你不但帮不了他们，还可能失去他们的信任，甚至把你卷入到困难中去。

……

其实，无论是拒绝违背你做人原则的事情，还是拒绝违背你价值观念的事情，抑或是拒绝会使你陷入不利境地的事情，这些拒绝终归是一个意愿问题。对于习惯于中庸之道的女人来说，在拒绝别人时往往会产生心理障碍，导致不好意思拒绝别人。

殊不知，这是带着“假面具”生活，会活得很累，而且会丢失自我。比如，别人找你借钱，你自己原本缺钱，但因你不好意思拒绝，于是不情愿地把钱借给别人，结果严重影响你的正常生活。为此，你后悔不跌，但是到了下次，你又忘了拒绝。

女人应该有自己的思想和主见，对于自己不喜欢做的事要拒绝，免得委屈了自己。比如，客户要求你陪他喝酒、唱歌，同事约你吃饭、逛街，如果你不想去，就应该拒绝。你可以说：“对不起，我感觉很累，想早点回家休息。”“不好意思，我很忙，没有时间陪你逛街。”不要害怕拒绝会影响你的形象和你的人际关系，因为拒绝是你的权利，再者，真正的朋友会关心你、体谅你的。

尤其是在爱情中，女人聪明的拒绝显得意义重大。比如，当交往不久的男朋友提出性要求时，你应该拒绝。你不用担心他会因为你拒绝他就弃你而去，如果真是这样，你应该感到幸运。要知道，真正爱你的男人是不会因为你不答应他的性要求就不爱你的。你的聪明拒绝，会使你在男人心中变得更有魅力，更有尊严，更容易获得他的尊重。

NO.6 练习2：在拒绝别人时，注意你的态度

拒绝是一门艺术。在你拒绝别人时，即便你有一千个充分的理由，有一万个不愿意，你也应注意拒绝的态度。否则，你拒绝了别人的某个请求，却有可能伤害了这个人的感情，使他从此对你失去好感。

丽红是公司的一名中坚干部，有一次，她负责一项权责以外的工作，累得够呛，也没有在规定的时间内完成。这天，一个不知趣的同事偏偏来找没趣，她对丽红说："丽红，我有个文件没时间写，你帮我写一下，可以吗？"

丽红听到这话，立马产生一种想抽她的反感，但嘴上随即说道："不行！你没看到我在忙吗？"

同事听了这话，似乎心头也起了一把火，很不满地说："好，以后我再也不会麻烦你。"

显然，丽红在拒绝同事的时候，语气和态度非常不妥。因为虽然她忙得焦头烂额，但同事并不知道她正在忙。就算她拒绝，也不用摆出那种不友好的态度，她完全是带着火气拒绝，让同事的面子挂不住。如果她温和地说："真的很抱歉，上司交给我的任务我还没完成呢，而且已经过了期限，我必须先把它完成。"同事听她这么说，就很容易理解她的难处，从而不再劳烦她。可见，同样是拒绝，

语气和态度不同，给人的感觉截然不同。

聪明的女人在拒绝别人时，一定要注意态度问题。就算别人的请求非常过分，你也最好不失风度地拒绝，这样既不会影响你的形象，又会让别人无从得手。看看下面这个故事，相信你会从中大受启发：

甘罗是秦国承相的孙子。一天，甘罗见爷爷在花园里来回踱步，唉声叹气，就问爷爷遇到了什么麻烦。爷爷说：“孙子呀，大王不知听了谁的挑唆，居然命令我给他找公鸡蛋，若是3天之内找不到公鸡蛋，就会惩罚我。”

甘罗非常生气，说：“秦王太不讲理了。”不过，他突然眼珠子一转，想到了一个主意，于是他对爷爷说：“爷爷你别着急，我明天替你上朝去，我有办法应付大王。”

第二天，在朝堂之上，甘罗颇有风度地向秦王施礼。秦王不悦地问：“你这小娃娃来这里干什么，你爷爷为何不来上朝？”

甘罗不慌不忙地说：“大王，我爷爷今天在家生孩子，所以我来替他上朝。”

秦王听了哈哈大笑：“你这孩子怎么能胡言乱语呢？男人怎么能生孩子？”

甘罗马上回应道：“既然大王知道男人不能生孩子，公鸡又怎么会下蛋呢？”

顿时，秦王无言以对，并收回了要求甘罗爷爷找公鸡蛋的命令。

看看吧，面对秦王的无理要求，甘罗都能不失风度地巧妙回绝他，而我们在平常生活中，面对别人的请求时，又有什么不能心平气和地拒绝呢？

在拒绝的时候，一定不要冲动，要不骄不躁，要沉着冷静，要对请求者表示尊重、理解和同情。一般来说，拒绝时要避免以下几种态度：

不要立即拒绝：别人的要求还没说完，你大概听出了对方的意思，就当即打断对方，说："不行。"这样有可能会误解别人的意思，更会让别人觉得你是个冷漠无情的人，甚至会对你产生难以化解的成见。

不要盛怒下拒绝：或许别人不小心撞在你心情不好的时候请求你帮忙，让你有一种火上浇油的感觉，于是盛怒之下，你厉声拒绝别人。这种情况下，你的语言和态度很容易伤害别人，让人觉得你是个没有同情心的人。

不要无情地拒绝：与盛怒之下的拒绝差别较大，无情的拒绝是指在拒绝他人时，面无表情，言辞冷漠，语气严峻，毫无人情味，这种拒绝会让别人很难堪，甚至从此对你产生不满。

不要傲慢地拒绝：面对别人的请求，你不但拒绝别人，而且言辞傲慢，带着讽刺和幸灾乐祸的语气回绝别人，会让别人的自尊心受到极大的伤害。

鉴于以上几种拒绝的态度对请求者有较大的打击和伤害，因此，你最好练习几种让人乐于接受的拒绝态度，以便在拒绝时不影响你的人际关系。

（1）委婉地拒绝：面对别人的请求时，你不直接说出"不行""NO"这样的字眼儿，而是诉说自己有不得已的苦衷，让别人理解你的难处，从而知难而退。这样既不会伤害别人，还有利于别人理解和同情你。

（2）微笑着拒绝：俗话说"伸手不打笑脸人"，当别人请求你帮忙时，你在拒绝的时候，不妨面带笑容，认真拒绝别人。这样能让别人感到你的尊重和礼貌，因此，即便被你拒绝了，他也能欣然接受。

（3）带着感激去拒绝：别人找你帮忙，或约你去玩，你不想帮忙或不想去，这时你不妨带着感激之情去拒绝，比如说：“感谢你对我的信任，在困难的时候想到我，可是我……”“其实能和你一起去玩我真的很高兴，可是我今天忙得抽不开身，真的很感谢你的邀请，下次有时间我一定去。”

（4）幽默地拒绝：不管怎么说，拒绝别人也是一种有些严肃的事情。因此，不妨运用幽默，打破这种严肃的氛围，让“拒绝”在轻松、趣味的氛围中进行。来看一个真实的故事：罗斯福在海军任职时，有个好朋友是记者，他向罗斯福打听美国海军在加勒比海上的军事计划。罗斯福不想告诉他这个秘密，于是往四周瞧了一圈，低声说：“你能保守秘密么?”朋友说：“当然能。”罗斯福笑着说：“我也能。”在幽默风趣的氛围中，罗斯福非常巧妙地拒绝了朋友。同时，又给对方一个台阶下，不至于让对方产生成见。这就是幽默拒绝的妙用。

NO.7 练习3：将你自己的愿望和需要表达出来

有些拒绝比较简单，简单到“不行”、“不可以”等几个字就可以解决问题，但是有些拒绝比较复杂，尤其是涉及到难以言表的情感时，这种拒绝的背后，充满了当事者复杂的心理和纠结的心情。

如果拒绝，可能让别人远离你，如果不拒绝，又违背了你当前的愿望。这时你该怎么办呢？

男人25岁，女人23岁，他们是同一家公司的职员，男人就坐在女人的后面，时间慢慢过去，他们成为了关系很好的朋友。有一天，女人收到了男人的短信，他告诉女人："我很喜欢你，你可以做我的女朋友吗？"。

女人既高兴又不安，高兴的是她喜欢的男人也喜欢她，而不安的是她觉得自己是贫穷山村里的姑娘，家里一贫如洗，而男人却是一个高干子弟，家里富有，父母文化层次较高，她打心眼里有一种自卑感。经过两三天反复思考，女人拒绝了男人，她告诉男人："我们还是做朋友比较好。"

女人把男人当成要好的朋友，而男人呢？他很疑惑女人的真实意图，于是他和女人进行了几次深入的交谈，想了解女人为什么拒绝他。可是，每次女人都不说明具体理由。她只是说："我觉得我们现在关系很好，我不想打破这种关系。"事实上，女人并不是真的想拒绝男人，但她又不想答应男人，可以说，她的心情非常矛盾，处于一种徘徊不定的状态。

他们和以前一样，每天都过得很开心。男人每天晚上送女人回家，他们一起走着、笑着，可让女人担心的是，男人每天送她回家会耽误他休息，第二天上班没有精神，老板会批评他。所以，不让男人送她，但男人依旧每天送她回家。

后来，男人在父母的安排下进入了一家事业单位，他们要分开了。男人离开公司的那天，女人想对他说些什么，但是话到嘴边，还是没有说出口。男人对她说："我要去很远的地方工作，也许我们再也没机会见面了。"就这样，女人沉默了，男人走了，一走就再也没有联系。

后来，男人遵从父母之命，娶了一个自己并不喜欢的女人，而女人也在长辈的撮合下，嫁给了一个她并不喜欢的男人。每当婚姻生活出现矛盾时，女人都会忍不住掉眼泪，她后悔当初没有抓住那个男人。

面对男人的追求，女人却一而再、再而三地隐藏自己的愿望和需要。原本这是一件简单的事情，但却因为感情上的徘徊不定，导致事情变得复杂难测。表面上，女人拒绝了男人，但实际上，女人并不排斥男人，恰恰相反，她也爱男人。但为什么还要隐瞒自己的感受呢？如果把自己的想法告诉男人：“我也爱你，但是我担心我们的家庭背景相差太大……”如果她把自己的愿望和需要表达出来，也就不会有后来的擦肩而过，也不会有后来的后悔枉然。

沉默真的是金吗？面对别人的要求，沉默是软弱；面对自己所爱的男人，沉默不开口也是懦弱。在这种情况下，沉默不是金，而是废铜烂铁，是垃圾中的垃圾，是对美好人生的最大浪费。女人的一生有多少青春年华，今天你不说自己想要什么，明天你还不说，等到你岁数大了，老得只剩下一把骨头时，你想开口表达自己的愿望和需要，恐怕上天已经不给你机会了。这是多么可悲的事情。所以，女人一定要大胆地说出自己的愿望和需要，这才是当今女人的聪明之举。

在喜剧电影《大话西游》里，“磨磨叽叽”的唐僧对悟空反复唠叨几句话：“你想要吗？你想要你说呀，你不说我怎么知道你想要啊……”看到这里，让人忍不住想笑，但是笑过之后，我们又发现这些话是非常有道理的。因为你的愿望和需要不说出来，别人是不知道的，这样一来，你的需要就无法得到满足。

为什么要重点强调这一点呢？这是因为中国很多女人习惯于压抑自己的个性，把自己的需求藏得很深。即使自己想要的东西就在面前，也假装不想要，这样就很容易错过幸福。比如，在该拒绝的时候不懂得拒绝，在该说明苦衷以获得别人的理解时却沉默不言，这样女人就会活得很压抑，活得很累。

所以，女人一定要记住，你是有需求的，你需要别人的关心、照顾，你需要别人的理解、同情，你需要别人的关注、追求，你需要自由自在、简简单单地去生活。对于别人的请求，如果你帮不了忙，那就说出拒绝的理由，以获得别人的理解；对于你所喜欢的男人，不妨表达出你的心愿，让他知道你的想法，以获得他的追求。这样你才能快乐地活着，真实地活着。

第四章

Chapter 4

“一次只给男人一颗糖”的哲学

恋爱是一门学问，如果你想让男人重视你珍惜你，就应该学会吊男人的胃口，一次只给他一颗糖，而不是一次就把整个糖果店给他。只有当你既让男人尝到一些甜头，又不让他轻易地占有你，他才会充满兴趣地追逐你，而你在他心目中才会更加有吸引力。这就是“坏”女人的魅力所在，她们懂得激发男人的欲望，并通过男人“想占有女人”这种强烈的心理来掌控男人，从而牢牢把握爱情的主动权。

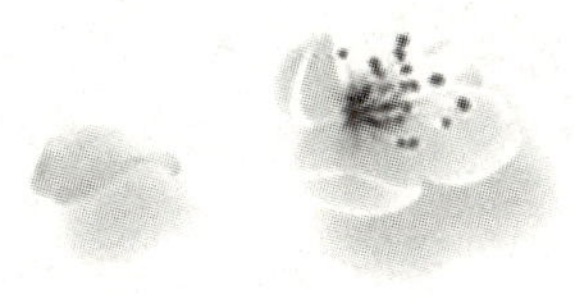

BEING A WOMAN SHOULD NOT BE
TOO HONEST

NO.1 男人是馋猫，越吃越馋

孤男寡女在花前月下约会，我们用膝盖想都能想到他们想干什么，特别是男人追女人的目的，更是再明了不过了。乖乖女们，如果你认为男人和女人约会，就是想和女人谈恋爱，想相互了解、加深感情，最后牵手走进婚姻殿堂，那么你的想法就太单纯了。

尽管男人在追求女人的时候，对女人承诺：以结婚为目的，想把她娶回家当老婆。但是在男人娶女人之前，男人的这句承诺总显得那么不可靠。因此，女人若不学聪明一点，不防备着有的男人追求自己只是为了满足肉体上的欲望，就很容易被男人骗上床，从而失去纯洁之身，然后还有可能被男人无情地抛弃。就像下面案例中婷婷的遭遇一样。

婷婷和男朋友志涛是在北京一家大饭店认识的。志涛是美籍华人，他们因为对茶叶的共同爱好而走到了一起。刚开始的时候，他们在一起主要是逛北京的茶叶铺，一起品茶，鉴别茶叶的优劣。

可是，自从那天晚上之后，一切都改变了。那是他们相识大概一个月的时候，他们刚从北京的一家茶馆回来。本来，志涛准备送婷婷回家的，而婷婷本人，也是这样认为的。可是，志涛将车开上路之后，并没有向婷婷家的方向驶去，而是驶向了另外一个地方。但是，发现了这一点之后，婷婷并没有反对。

在婷婷的默许下，他们来到了一家旅店。打开旅店的门之后，婷婷没有半点羞涩，她自信地认为志涛早晚会娶自己，所以，早一天做他的女人也没关系。她主动去了卫生间，将自己洗干净了，乖乖地躺在床上等候志涛。

在床上，婷婷让志涛变得异常疯狂。但是，风平浪静之后，他们又像“老夫老妻”一样离开了旅馆，各自回家了。

第二天，婷婷却意外地发现，志涛的电话没有按时打来。当她打过去之后，她发现志涛的语气变了。“我正在谈一个生意，现在很忙，没有时间，你先照顾好自己。”

一连几天，志涛都用这种话来应付婷婷。婷婷，这个乖乖女发现，他们之间的关系也就此终结了。直到志涛飞回美国的时候，才从机场打出了最后一个电话，他告诉婷婷，他和婷婷在一起的时光很幸福，他会记住的，然后就是嘟嘟的挂机声。在挂机声中，婷婷忍不住哭了……

其实，女人就像茶一样，是需要男人用心去品的。可是，大多数男人耐心不够，他们总想早一点把这杯香茶一饮而尽。婷婷的恋爱之所以无疾而终，就是因为婷婷用错了方法，满足了男人“一饮而尽”的心理。她不知道征服一个男人不是靠身体，而是靠自己的灵魂和魅力。她也不知道，在男女之间夹着一个秘密，那就是糖果店的秘密。她错在把整个糖果都给了志涛，让志涛尝完了所有的甜头，毫无留恋地远走高飞了。

“坏”女人绝对不会这么单纯，她们深谙糖果店的秘密，她们就是糖果店的最佳老板，她们懂得一个让男人拜倒在她裙下的秘密——一次只给男人一颗糖，绝不多给一颗。这样既能让男人从她们身上尝到甜头，又让男人有一种强烈的意犹未尽之感。如此一来，男人的欲望很容易被激发出来，于是他们会付出更多的真情实意，设法打动女人，以求尝到更多的甜头。

有句众人皆知的大俗话叫：“妻不如妾，妾不如偷，偷不如偷不着。”可见偷不着才是调情的最高境界。男人喜欢追逐的快感，喜欢激烈的竞争。他们喜欢赛车、竞技比赛和狩猎。他们喜欢锁定目标，想方设法去实现目标。这种令人着魔的猫捉老鼠的游戏实际上让男人兴奋不已。女人们，你是想激发男人的追逐欲，还是想主动满足男人的欲望呢？

一个20岁出头、名叫布拉德的男人曾这样评价女人："世界上有两种类型的性爱。一种是女性主动尝试的性爱，还有一种是女性拒绝的性爱——当然她只是表示不想。大部分男人认为第二种性爱更为刺激。前一种女人会为得到男人而加倍努力，付出了真情，又献出了身体，还不一定能得到男人的真心相待，而后一种女人在男人心中会更加性感和有魅力，比较容易获得男人的真心相待。"布拉德的话是耐人寻味的，一个20岁出头的男人对女人都有这样的认识，想必大部分男人都是如此见地吧！

很多男人往往把女人分成两类一类是享乐型的女人，一类是珍藏型的女人。假如不出一天，男人就把你划入"享乐型"的女人，那么你可能永远都不能翻身了。

怎样才能不沦为"享乐型"的女人呢？这就要向"坏"女人学习了。"坏"女人阴晴不定，若即若离，让男人捉摸不透，也无法确定最终能否拥有她。男人得到她都难，又怎么会将其划入享乐型的女人呢？

"坏"女人知道，男人是馋猫，如果轻易满足他，他会越吃越馋，他甚至还会吃腻。因此，当她发现一个男人爱上自己后，她会重点做两件事。首先，她要能够唤起他的性想象力；其次，她会缓一缓，再对他以身相许。这就引出了"糖果店"理论：不要把整个糖果店都给他，应该每次只给他一块糖。

每次只给男人一颗糖，并不意味着禁欲或老处女情结。这只是确保追求你的男人是最佳人选，只要他有责任心和耐心，那么你早晚都会把整个糖果店给他。这也是为了降低恋爱失败的可能性，就好像不把鸡蛋放在同一个篮子里一样。因为任何一个女人都不希望发生这样的情形：当把整个糖果店给男人后，才发现他是个有妇之夫，或者有个藕断丝连的周末情人，或者拥有一个庞大的糖果店连锁企业。

NO.2 学会利用分糖游戏规则掌控男人

女人和男人的交往过程，就像父母给小孩糖果一样。当父母拿出一粒糖果递给小孩，甚至只是把糖纸打开，让小孩舔一舔糖果的甜味，那么小孩就会被糖果吸引住，然后一直跟在父母屁股后面，无时不惦记着那块没吃到的糖果。这个时候父母是占据主动的，他可以时不时让孩子吮吸一下糖，再收回来，再给孩子吮吸。如此反复，吊足了孩子的胃口，很好地考验了孩子的耐心，最后再把那颗糖完全给孩子。

如果父母有一大堆糖果，也应该每次只给孩子一颗糖果，而且最好不要让孩子知道父母有多少糖果，也不要让孩子知道父母什么时候还会再给他糖果。这样一来，孩子就会对糖果充满期待，他很可能会表现得更乖，只为得到父母赏赐的糖果。然而，有些父母可没想这么多，他们有一颗糖时，会爽快地把这颗糖给孩子，孩子得到糖果之后，欢快地跑开了，而不是跟着父母，想办法用自己的表现赢得父母的认可。

同样，女人如果一开始就把自己献给男人，那么她对男人的吸引力就会大减。接着，也许男人还会对女人好，但那只是因为他还没把女人“品尝”够，等到有一天品尝够了，而且他又遇到了对他有诱惑力的女人时，他就可能拉起裤子，拍拍屁股走掉。这时，躺在床上还没来得及穿裤子的女人，会显得格外落魄和悲凉。

男人有时候就像小孩一样，其实这么评价男人，那是对男人的厚爱。我们甚至可以毫不夸张地说，有的男人就像动物，会以狩猎的心态去追求感情，一旦轻松获得了猎物，猎物就会对他失去吸引力。男人之所以喜欢女人，是因为他可以从女人身上尝到甜头，比如，和女人在一起，他会感到快乐、舒适。当然不排除还有性方面的享受，这一点对有些男人来说，也许是追求女人最关键的原因。所以，女人应该有警惕之心，不妨“坏”一点，要充分利用分糖游戏规则，让男人慢慢地尝到甜头，慢慢地欣赏你的个性与魅力，这样你的男人也许永远都不会弃你而去。

爱琳长得很漂亮，人也很聪明，所到之处，她总能引起周围男人的关注。在公司里，她更是把男同事迷得神魂颠倒。而且经常有男士在公司门口等她，请求爱琳赏个脸，一起吃个饭或看场电影。那些潇洒男士，都是爱琳的追求者。

当朋友们问爱琳为什么那么吸引男人时，爱琳神秘地笑道：“因为我会吊足男人的胃口，我不会让男人轻易得到我，而男人对得不到的东西，往往会痴迷地追求。”

爱琳告诉女同胞们：“当一个男人和你接触的时候，这个男人一定是倾慕你的。你注意到了吗？男人的眼光一定会盯住你的胸部，甚至他会暗自咽口水。这个时候，你不要生气，冲他坏笑一下会让你更有诱惑力。你可以大胆地穿上低胸衣服，故意和他寒暄，当然，尽量说一些正经的话题，但是要表现得漫不经心。譬如，你在本来不好笑的地方，莞尔一笑。他一定会知道你微笑的含义的。”

爱琳还告诉女人：“男人尤其是坏男人，一定会想方设法和你有肢体上的接触。比如，过马路的时候，他的手会伸向你，这个时候你也应该伸出手，给男人一个牵你过马路的机会，让他体验一下保护美女的兴奋感觉。”

爱琳表示，当你和男人交往了较长一段时间后（具体多长时间，乖乖女们视情况而定吧，因为任何一个恋爱大师也无法给出一个确切的时间，这要看你们的感情到了怎样的地步），你可以在合适的时候，让男人有机会搂你的腰，这是男人从女人那里渴盼已久的恩赐。

“搂住了你的腰的男士一定不会就此罢休的，他会更进一步地要求，譬如他想吻你。当然，他对于你的文胸和蕾丝内裤会更感兴趣。你会怎么办呢？你千万不要脱下外套，送给男人看，问他：我的乳房美丽吧？因为这样可能会吓走男人。你最好假装不小心，用你的乳房碰一下他的手臂或后背，让他以为你是不小心的，这样会充分点燃他的欲望。当男人感受到你身体的温暖之后，请你迅速地离开他。”

“有时候，男人会向你发起进攻，比如，他会抱住你，还有进一步的企图，比如吻你，这个时候，你不妨巧妙地提醒他，干扰他，‘你看，你的头发上有个东西，我帮你拿掉。’这是我经常说的话。”说到这里，爱琳一脸坏笑，“之后，我趁他不注意，迅速亲一下他的脸，这让男人感觉一切都那么美好，虽然他并没有获得更大的甜头。”

“不要担心，那个男人已经被你掌控，现在你要做的绝对不是一味地迎合他，而是不时地诱惑他。譬如，让他一步步地尝到甜头。让他感觉到你就是他朝思暮想的‘天使’。每天，你都会接到一个电话的，他一定会用暧昧的语言和你调情。这个时候，你只需轻送地说一句‘你真坏’，就足以让他高兴一整天了。”

“记住，如果你发现他对你有一点冷淡时，你就要开始出击了，而不能一直把糖果藏着掖着，不然好男人也会失去追逐的动力。你可以主动约他，趁其不备，主动挑逗他，比如，摸一下他的屁股，亲一下他的大嘴巴。这样男人的激情又会被激发出来。等到有一天，你发现男人已经对你死心塌地时，你再找个合适的机会，让他得到你的身体吧！”

爱琳分享的经验简直“坏”透了，但又是那么聪明，对掌控男人是那么有效。据性心理学家介绍，男人追求女人的过程，其实就是男人寻找机会与女人做爱的过程。这点和动物相似，雄性动物试图接触雌性，其实就是为了性。不过，作为高级动物的男性，对于潜意识中性的追求感到更加高雅。男人第一次见到女人之后，不会说："我真的想和你做爱。"除非这个男人脑子有问题。

而女人要做的，就是随着恋情的进展，不时地给男人一点甜头，让他对你充满期待，对你欲罢不能。同时，也向他传达一种声音："想得到我的身体，没那么容易，你必须表现出足够的诚意，让我看到你的真心。"男人不傻，他会明白你的用意的。

人们常说："越难得到的东西，越被珍惜。"当一个男人费尽就九牛二虎之力把你一点点地攻下之后，他是不太可能贸然离开你的。因为他在你身上付出了太多的时间、精力、心思，为此死掉了很多脑细胞。更重要的是，你在他的心目中就像专卖店里限量版的夜明珠，别的女人是不可能轻易替代的。

NO.3 做调配爱情的高手，占有男人心

有一对恋人，经常为"谁应该先对谁好"而争吵，女人说："你必须先对我好，否则，就甭想我对你好。"男人也不服气，说："就凭你这么强烈的语气，我偏不对你好。"这样的恋情居然能持续下去，真的叫人感到奇怪。其实也不奇怪，男人为的就是占有女人的肉体。果然，等他得到女人，等他玩腻了之后，他与另外一个女人相爱了。在那个女人"坏"招的激发下，男人甘愿全身心奉献。

这个案例告诉我们，爱情不是等价交换，不是做买卖，而是需要付出真心，巧妙调配的。聪明的女人应该做个调配爱情的高手，

既要怀着一颗浓烈的爱心，又要聪明地去爱。这种爱不是一味地付出，更不是一味地索取，而是通过爱男人，来激发男人更加爱你，这样才更容易占有男人的心。

不会爱的女人往往采用“堵”的办法，对男人严防死守，就像大禹的父亲治水那样，可是结果不但没有堵住水，反而让水冲毁了堤坝。而会爱的女人采用“疏”的办法，给男人尊重和自由，与男人保持适度的空间。与此同时，女人要提升自己的神秘指数，给男人制造悬念感，让男人恨不得时刻守候在你身边，生怕你被别的男人占有。

悦悦在与男友交往的一段时间里，两人经常在一起吃饭。一次，他们一起用餐的时候，悦悦发现男朋友对经过身边的美女的兴趣似乎比对她的兴趣更大。于是到了第二天，当男朋友打电话约她吃饭时，悦悦说没时间，无法赴约。

到了第三天，当男朋友打电话约她时，悦悦说已经有约了，但是任凭男朋友怎么问，她都不说和谁约会。这让男朋友非常着急。第四天一大早，男朋友捧着玫瑰花，拿着电影票在她家门口等她，悦悦这才高兴地答应和男朋友去看电影。

在电影院里，悦悦亲密地拉着男朋友的手，靠在男朋友的肩头，时不时轻声耳语，让男朋友感到非常满足。

不管你多么爱他，都不能对他死心塌地，把整颗心都交给他。小心他洋洋自得，以为你再也离不开他了，继而忽视你、冷落你。聪明的爱绝不是单方面的付出，而是欲擒故纵，巧妙激发男人的奉献精神，培养他爱的能力。

相比之下，糊涂的爱则是把一颗心全部交给男人，毫不保留地对男人奉献所有的柔情和关爱，然后沉醉在甜蜜的爱情中不能自拔。在这种充满母爱成分的柔情的包围下，男人会变成一个不懂爱的孩子，会把女人的爱视为理所当然。这就意味着女人无法从男人那里得到所期望的爱。

事实上，许多乖乖女只知道自己多么爱男人，却不知道爱男人是需要技巧的。而“坏”女人则不同，她会爱男人，也会让男人爱她。

一对恋人经过马拉松式的恋爱，终于走到了一起，过上了很多男人都梦寐以求的同居生活。他们每天早上一起起床，乘地铁去上班，晚上回到住处，准备饭菜。就像夫妻一样，过着平淡的日子。女人意识到这样下去，爱情会被平淡的生活消磨，于是，他向男人提出了一个要求：“我有个郑重的要求，每天给我一个吻。”

男人看了她一样，笑着说：“有必要吗?”

女人说：“我能提出这个要求，就证明是有必要的，而你发出疑问，更证明了有必要。”

男人说：“真情在心里，没必要非要表达吧!”

女人说：“当初你不表达，我们怎么可能走到一起呢?”

“当初是谈恋爱，是我追求你，现在我们相爱了，没那个必要了。”

“是吗？你觉得我真的爱上你了吗?”女人故意反问，说完，她背起包去上班了。女人的话让男人有些吃惊，他甚至怀疑女人并未真正爱自己。

当天下班，女人故意在公司加班，就是为了让男人着急。果然，男人发现女人没有像往常一样准时回家，他就急忙给女人打来电话。女人在电话里故意说道：“我正在和朋友吃饭呢，有什么事吗?”男人有些惊慌失措，他说：“亲爱的，我在家里做饭了，等你回来吃饭呢!”

晚上回到家，女人刚打开门，就被男人紧紧地抱住，然后男人给了她一个充满激情的吻。不用说，那一晚他们非常甜蜜。

从这件事之后，女人每天都能得到男人一个甜蜜的吻。

有一天，女人被公司派往外地进修。临上火车前，她对男人说：“你终于可以暂时解脱了。”

没想到，男人却说：“我会不习惯没有你的日子的。”果然，第二天，男人就给女人打电话了，他说：“亲爱的，今天我没办法吻你了，请允许我通过电话传递我的吻。”电话里，男人的声音充满了温柔。

女人的眼睛湿润了，接着，她听到男人在电话里说：“亲爱的，以后我会每天给你打个电话，传递我的吻。”

水壶里的水没有沸腾，是因为火力不够。只要火力够了，几分钟后，水就会沸腾（电热壶就是这样）。同样，爱情无法持续激情，是因为彼此爱的意识不够浓烈。如果都像“坏”女人一样，懂得爱男人，懂得激发男人对自己的爱，那么再久的爱情也会如初恋般甜蜜。

女人们，像“坏”女人那样，学习做一个调配爱情的高手吧。既要从日常生活的小事上去关心他、爱护他、尊重他、理解他、激励他，又要适当地“使坏”，比如，偶尔不接电话，偶尔消失，让他担心你，为你牵肠挂肚，偶尔流泪，让他更加爱护你，偶尔示弱，让他保护你。这样，你不但能激发他的男子汉气魄，还能彻底占有他的心。

NO.4 要让男人尝到甜头，更要让男人知道疼痛

有这样一个故事：

有个女人很会疼爱丈夫，每天早晨都会给丈夫蒸一个鸡蛋，煮

一碗面条。一天，她因为太累而起晚了，没能及时为男人准备好早餐。丈夫显得非常生气，说："你怎么能睡懒觉呢？你不知道我要吃早餐吗？"丈夫的话让女人感到十分委屈……

生活中，这样的例子并不陌生吧！女人一味地对男人好，男人就会将这种好视为理所当然，不懂得心存感激。一旦有一天，女人没有做好，男人就很容易产生不满，继而批评女人。因此，在爱情中，女人不要一味地对男人好，一味地给男人甜头，必要的时候，还应该对他"坏"一点，让他知道"疼痛"的滋味。

乖乖女的最大悲哀莫过于全心全意地为男人奉献，却换不来男人的真心相待，甚至敌不过一个偶尔对他付出的女人。是男人不懂得珍惜吗？是男人天生没有良心吗？其实不是，关键原因是女人只知道给男人甜头，让男人的味觉变得麻木了。所以，必要的时候，不妨对男人"狠"一点，让他吃点苦头，他才知道往日里你的"好"。

甜甜是个聪明的"坏"女人，丈夫喜欢看球赛，她往往会舍命陪君子，不惜熬夜陪丈夫看球赛，把丈夫感动得不得了。有时候她困得不行了，就靠在丈夫的怀里睡觉，这让丈夫觉得自己很幸福。他的丈夫还喜欢爬山，甜甜自然不会错过陪伴丈夫的机会。每次她疲惫时，就会在丈夫面前撒娇，让丈夫背她一段路。尽管这是个体力活，但是她的丈夫总是非常乐意。

有时候丈夫对甜甜开玩笑："你跟我去登山，就是个累赘。"但甜甜一点都不生气，她反而说："我就要跟你去，就要让你背我。"这时她丈夫会呵呵地笑起来，说："我求之不得。"所以，丈夫每次登山，都会带上甜甜。

在平淡的婚姻生活里，甜甜给了丈夫很多甜蜜，但有时候，她也会毫不留情地让丈夫受点儿苦累。比如，丈夫有时候疯狂地玩电脑游戏，甜甜就会走上前去，帮丈夫按摩肩膀："很累吧，肩痛吗？

我帮你按摩按摩，总是坐着，对身体不好。要活动一下，不然身体的零件会生锈的。不如你去把地板拖了吧，正好你也可以活动活动。”在甜甜温柔的攻势下，丈夫根本没有拒绝的理由。

甜甜说，有时候好言好语男人可能不听，这个时候就该横眉冷对，该吼就吼，该骂就骂，绝不要给他留面子。比如，有一次，甜甜多次提醒丈夫：“很晚了，该洗漱睡觉了，别玩游戏了。”可是丈夫置若罔闻，于是甜甜毫不留情地拔掉了电源线。

有时候丈夫有些懒，不太讲究卫生。特别是早上上班赶时间，他总是穿着鞋子在客厅里拿东西，甜甜辛辛苦苦把地板拖干净，被丈夫弄得脏兮兮的。她好言提醒丈夫无效后，就用丈夫的衣服擦地板，然后让他自己洗衣服。经过这次深刻的教育，丈夫乖了很多。

你想降服男人吗？那就不要一味地给他“糖”，试着学学“坏”女人：一手拿糖诱惑男人，让男人尝到甜头，一手拿鞭驯服男人，让男人知道疼痛。一边是色诱，一边是鞭笞。在这种双重手段之下，还怕男人不乖乖就范吗？

爱需要把握一个尺度，爱到七八分刚刚好。因为如果爱得太多，可能会让男人喘不过气来，还会让男人轻视你，不利于你俘获男人的心。所以，当你让男人尝到七八分的爱的甜蜜时，别忘了在恰当的时候，给男人两三分的苦头和疼痛，让他知道你不是一味顺从的小绵羊，而是有自尊，有个性的女人。

最近一段时间，明兰发现老公总是跟一群哥们儿喝得半夜回来。明兰给他打电话，他不紧不慢地接，有时候还会批评明兰，说她影响了大家喝酒的兴致。明兰非常委屈和生气，每当她看到老公带着一身酒气回来时，就有一股莫名的恼火。

明兰知道，和老公吵架解决不了问题，弄不好老公还会更过分，怎么办呢？

很快，她就想到了一招，她买了一些性感的衣服，还弄了一个新发型。每天吃了晚饭，就把自己打扮得漂漂亮亮，然后让她的姐妹们打电话约她出去。老公见状，马上坐不住了。于是拉住明兰，问她去哪里。每到这时，明兰就支支吾吾地敷衍，晚上回来的时候比老公喝酒喝得还晚。

整整一个星期，老公终于受不了啦。一天晚上，明兰回到家，见老公坐在客厅独自叹息，她假装不在意，径直走到房间准备睡觉。老公叫住她，用十分诚恳的语气说："老婆，我做错了什么，你干嘛这样折磨我呢？你知道吗？你没回来之前，我根本睡不着，我求求你了，我哪里不好你指出来，我一定改。"

明兰这才说出了对老公喝酒的不满，这时老公才恍然大悟，当即表示一定会改正。从那以后，他很少出去喝酒，而且每次出门，都会征求明兰的意见。若明兰心情好，允许他出去喝酒，他也不敢多喝，而且总是早早地回来，因为他生怕回到家里时明兰不在家。

明兰教训老公的手段可谓高明，她不像那些乖乖女一样，一哭二闹三上吊，而是一声不响地使坏，让老公后背脊发凉，屁股下面发热，怎么也坐不住。最后，把爱喝酒的老公彻底治服了。

NO.5 必须破灭的梦1：他爱上的是我的内在，而不是我的外表

如果你看过《简·爱》这部电影，相信你一定会感触良多。因为简·爱是一个长相极其普通的女人，甚至可以说是丑陋，但是她却成

了女主角,获得了男主角至深的爱。

简·爱虽然相貌平常,但是个有才华的女人,她的自尊心极强。在罗切斯特家里做家庭教师期间,她爱上了男主人罗切斯特,但是因为自己的长相问题,她始终没有勇气向罗切斯特表白。然而,她的内在之美早已吸引了罗切斯特,于是他主动向简·爱表白,就这样两人很自然地走到了一起。

看到这里,很多人或许会认为,真正有品位的男人,重视的是女人的内在美,而不是外表。可事实真是这样吗?要知道,当罗切斯特与简爱厮守的时候,他已经是一个没有财产,而且双眼失明的男人。如果他没有失明,谁能保证他不会爱上比简·爱更漂亮的女人?

现在,请把眼光从电影中切回到现实中来吧。在现实中,很多女人尤其是内在比较优秀而外表没有优势的女人,通常比较容易高估内在美对男人的吸引力。这或许是她们在自我安慰,又或许是她们太高看了男人。

对于相貌平平的女人来说,最富有感动力的话语,莫过于男人在追求她们时说:“我爱上的是你的内在,而不是你的外表。”不知道有多少乖乖女在男人这句话的哄骗下,乖乖地褪去衣裙,心甘情愿地把自己献给了男人。

“亲爱的,我长得不漂亮,身材有些胖,你到底爱我什么呢?”热恋中的晓云问男友。晓云是个律师专业的女硕士,处事精明能干,而且颇有才华,经常在报纸杂志上发表文章。

“我才不是那么肤浅的男人,我爱上的是你的内在,而不是你的外表。外表能当饭吃吗?不能,但是你的内在美可以让我一辈子感到幸福。”

听了男友的话,晓云脸上乐开了花,她觉得自己是天底下最幸福的女人。不久之后,男友开始要求和她发生关系,晓云没怎么犹豫就答应了。

恋爱持续了半年之后,晓云发现男友对她越来越冷淡,打电话给他时,他不是说工作很忙,就是说应酬太多,总之吧,就是不怎么愿意和她见面。晓云心想,或许他真的很忙吧,我应该理解他,不能影响他工作。直到有一天,晓云在街上看到男朋友牵着一个漂亮女人逛街时,她才如梦方醒。

晓云打电话给男朋友,问:"你为什么背叛我?为什么牵着别人的手逛街?她究竟哪一点比我好?"

男朋友倒是个实在人,他说的很直接:"她长得漂亮,身材也好,比你性感多了。"

听到这样的回答,晓云惊呆了,忙问:"你不是说过不在乎我的外表吗?你这个骗子!"

男友说:"我说不在乎你的外表,是为了哄你开心,哪个男人不在乎女朋友的外表呢?"

通话到这里,晓云沉默了……

男人天生爱美女,这是不争的事实。如果一个男人对你说:"我爱的是你的内在,而不是你的外表。"而事实上你的外表不突出,那么他要么在哄骗你,要么是瞎子。

在电影《画皮2》中,有这样一段经典对白:

女主角:"你不是最爱这张皮吗?"

男主角:"我中了狐妖的法术,虽然我的心里满是你,但是我的眼睛,我的眼睛却被这张皮所魅惑。"

女主角:"美貌人人都爱,你没有错……"

男主角:"靖儿,是我的眼睛害了你,我就是一千次看见这张皮,也会一千次被它魅惑。"

然后男主角挖掉了双目……

即使男人知道那张“皮”下是妖，也会忍不住多看几眼，因为男人真的很难抵挡美女的诱惑。除非他是瞎子，他才会不在意你的外表。所以，乖乖女们，赶紧打破“他爱上的是我的内在，而不是我的外表”这个梦吧！

不要怪责男人肤浅，不要怒骂男人是色狼，因为在男人眼里，原始欲望始终大于精神上的欣赏。尤其是在男人不了解一个女人时，他对女人的感觉很大程度上取决于女人的外表，比如相貌、身材、胸部等等。因此，在关系到传宗接代的择偶问题上，漂亮高挑的女人更能赢得男人的好感和追求。这一点，从英国的查尔斯王子身上也能看出来：当年他没有与交往多年、情深意笃的卡米拉结婚，而娶了年轻漂亮、不谙世事，跟他甚至没有任何感情基础的戴安娜。

男人在乎女人的外表，还有一个重要的原因是，女人的内在藏得深，需要慢慢去发掘，而外在美是实实在在的。再者，关于内在美，并没有一个公正客观的定义，怎样才叫内在美呢？这个仁者见仁，智者见智。不过，在这个普遍缺乏耐心的世代，有几个男人愿意花费大量的时间去慢慢认识女人呢？

所以，试着去要理解男人的爱美之心吧。如果你长得不漂亮，身材不理想，也没有关系，试着打扮自己，尽可能让自己保持良好的外形。比如，个子矮了点，不妨穿高跟鞋；身材胖了点，不妨穿紧致一点的衣服；皮肤不太好，可以用化妆品加以弥补。总之，你要学会打扮自己，每天保持一个优雅的妆容。这样，你一样可以魅力四射，一样可以让男人对你垂涎欲滴。

NO.6 必须破灭的梦2：为了他，我会无条件付出

女人天生是爱的化身，为了自己心爱的男人（还有孩子），她们可以毫无保留地奉献自己的所有。她们认为，爱一个人就是无条件地付出，只要他幸福就好。对于普通女人来说，当她们看到自己的男人幸福微笑时，她们也会感到幸福，这就是对她们最好的回报。

毫无疑问，这种贤妻良母型的“好”值得世人称颂，但是这种“好”真的可以让女人命好吗？当一个女人不计回报地奉献了自己的所有时，真的可以把男人感动得稀里哗啦，然后男人对天发誓“一辈子珍爱女人”吗？不一定。

现实中，我们看到女人扮演成奉献到底的女神，到最后却成为被遗弃的“怨妇”。曾经的海誓山盟，却被一句“我们分手吧”、“我们离婚吧”替代。此时此刻，此情此景，女人恐怕会大骂男人是狼心狗肺的畜生，是忘恩负义的小人，但是女人却忘记了：是谁把自己的男人变成了狼心狗肺的小人？

有个女人18岁时，做了上司的情妇，被上司包养。每天不用上班，只需要在上司租的房子里操持家务，为上司煲汤做饭，做上司床上宣泄的性伴侣。这种生活持续了10年，在这10年之间，她对上司死心塌地，从不开口要求什么，期间怀孕多次，流产也多次，每次都是自己默默地去医院。她说她真的爱他，所以，她愿意为他付出一切，并且不要求任何回报，就算没有名分，也会一直爱着他。

看到这个女人的人生经历，你会不会为她抹一把同情的眼泪呢？对于爱情，她是痴情，还是犯傻？抑或是两者都是。爱情真的有那么伟大吗？爱一个人就要为他付出一切，并且不求回报吗？哪怕是承担痛苦，也毫无怨言？似乎所有的舆论都告诉我们，唯有如此，才称得上是忠贞，才算得上是美德。

可是，当那个28岁的女人与社会脱节了10年，因流产多次造成无法生育，最终色衰爱弛，被男人一脚踢出门时，那是多么悲惨的结局。现实对她来说，是多么沉重的枷锁。当然，现实中这样的女人毕竟是少数，但不可否认的是，大多数乖乖女爱上一个男人之后，就会像中毒了一样，倾尽所有去爱男人。

大一时，玉琴和比她高两届的男生宋林恋爱了。在恋爱中，宋林一颗火热的真心彻底征服了玉琴，玉琴视他为这一辈子的男人，因此，她表现得特别贤惠。在大学恋爱的两年里，玉琴一直帮宋林洗衣服，像宋林的妈妈一样尽职尽责。

两年后，宋林大学毕业了，踏入了职场。玉琴继续上大学，快毕业时她想考研，但是宋林却劝她别考研，他说：“玉琴，等你毕业，我们就结婚了，这两年我攒了几万块钱，正好用来结婚。”玉琴一下子陷入犹豫中，以她的能力考研是不成问题的，甚至还能获得导师的推荐。

事实上，考研与结婚并不冲突，但是乖乖女玉琴觉得，如果自己为考研而复习，就会耽误照顾宋林，最后她决定放弃考研。大学毕业后，她和宋林走进了婚姻。然后，在同一城市工作，两口子过着朝九晚五的上班族生活。可是没上几个月半，玉琴发现自己怀孕了。于是她辞去工作，一心一意养胎，最后顺利生了孩子。

有了孩子之后，玉琴继续在家照顾孩子，等孩子进入幼儿园后，玉琴坚持要找工作。宋林劝不动她，只好让她上班。这样，玉琴每天除了上班，还要早晚接送孩子，买菜做饭、洗衣服、收拾房间。

几年下来，她累成了黄脸婆，没有心思打扮自己，没有时间和好朋友联系，但玉琴并不觉得有什么不好。

可是，不好的事情是，后来玉琴发现宋林竟然背着她和别的女人来往甚密。有一天，当宋林彻底坦白时，玉琴瞬间泪流满面，因为她无条件的付出是那么愚蠢。因为她一味地奉献，而忘了打扮自己，忘了提高自己，忘了生活还需要情调，以至于和宋林没有了共同话题，于是爱情变得脆弱不堪……

爱就是无私奉献吗？或许这句话没错，但是要看怎么奉献。如果女人爱男人，就认为应该无条件地付出，未免爱得有些失去理智。比如，为了某个男人，甘愿做地下情人。还有中毒更深的，比如，男友或老公有嗜赌、吸毒、家暴等恶习，女人却拿自己的钱去填那个无底洞，直到被拖得无法活下去时，还痴痴地不忍离去。这是无私奉献的真爱吗？真爱到底是什么？

爱是一门艺术，是一种智慧，爱男人并不等于为他无条件付出，也不等于就要做个贤妻良母，从此不问世事，把心思全部放在家庭和孩子身上。女人应该有自己的事业，而爱情不应该成为女人追求事业的阻碍；女人应该奉献，但应该把握好尺度，不应该在奉献中丢失了自我；女人应该爱男人，但不应该一味地给予，还应该激起男人爱你的欲望，让男人用心爱你。为此，女人首先应该从“为了他，我会无条件付出”的梦中清醒过来，然后尝试着做一个“坏”女人，用爱的糖果激发男人沉睡于心底的追逐欲。

NO.7 必须破灭的梦3：我会是他最后一个女人

每个女人都希望成为心爱男人的最后一个女人，如果同时也是他的第一个女人，那就最好了。然而，这种概率低得就像奢望中国足球队闯入世界杯决赛一样，永远机会渺茫。很多情况下，男人的第一个女人和最后一个女人，往往不是同一个人。于是，女人只好退而求其次，“幻想”成为男人的最后一个女人。

在这里，之所以用“幻想”来表达女人的这种愿望，是因为这个愿望并不容易实现，因为男人本“色”，他得到了一个女人，还想得到更多，只要条件允许，他们的欲望永远难以满足。

也许你认为这是胡言乱语，你会说：“我的老公对我很好，我就是他最后一个女人。”听到你这样说，我们首先要恭喜你，但是我们也要提醒你，如果你的老公像下面这个男人一样有钱，他会满足于你一个女人吗？

在一夫一妻制的今天，香港的一位富豪却堂而皇之地娶了几个老婆。当记者采访他的第四位妻子时，这位漂亮且擅长跳舞的妻子自信满满地说：“我会是他的最后一个女人。”她的梦会实现吗？也许很难，因为这么有钱的男人，谁也无法保证他不会和某个漂亮的女人玩一夜情。

也许你的男人没那么富有，你也不那么漂亮，但是你何尝没有第四位妻子同样的幻想呢？你也希望是他的最后一个女人，因为最后一个是最值得珍惜的。不管他以前经历了多少，在遇到你之后，以前的一切都成了前奏。所谓“万物归一”，你才是笑到最后的女王。

也许你不够美艳动人，也许你不够妩媚妖娆，也许你只是一个普通的女人，但是你有自己独特的地方，譬如善良、体贴、温柔、才华等等，你认为可以让他深深折服，他的最后一个女人非你不可。可是，真的有那么容易吗？

一代才女张爱玲满腹才华，在她爱上了风流才子胡兰成时，胡兰成已经是另外三位女子的丈夫。在外人看来，胡兰成是一个极不可靠的男人，但是即便是精明世故的张爱玲，也毫无防备地陷了进去。在他们订婚的时候，张爱玲怀着一颗珍重的心，送给了胡兰成一句话："但使岁月静好，现世安稳。"

什么意思呢？张爱玲希望岁月静好，希望生活安稳，怎样才算"静好"、"安稳"呢？说到底，张爱玲希望她会是胡兰成最后一个女人。可是，纵然张爱玲才华横溢，也没有阻止住胡兰成和青春少女护士小周结婚，而充满朝气的护士小周，依然没能成为胡兰成最后一个女人，在她之后，胡兰成又向成熟妩媚的范秀美靠拢……

对一个风流的男人来说，谁也不会是他最后一个女人，哪怕才女张爱玲，更何况普通的你我？所以，女人要从"我会是他最后一个女人"的美梦中清醒过来，无论他说得多么好听，你也不那么容易成为他最后一个女人。你很可能只是他生命中的"之一"，可轻可重，或者无足轻重。

有人做过一项调查，发现：有了初恋情人之后，还会吃着碗里瞧着锅里的，绝大多数是男人。即便是在婚姻中，一对相濡以沫的夫妻，在历经艰难之后苦尽甘来，首先背信弃义的，多数也是男人。所以，男人的一生是充满博爱的一生，他总是把自己的爱分给多个女人，谁得到的爱最多，谁最后得到他的爱，永远是个未知数。

所以，你永远也不要奢望是他第一个女人，对于他的曾经，试着用一颗淡定的心去面对，不要纠缠，不要计较。你也别自信自己是他最后一个女人，你要做的就是变成一个"坏"女人，展现你的魅力，激起他追逐的快感，尽可能让他一生追随你。

第五章

Chapter 5

一眼看穿男人的秘密

女人用善变表达自己的情绪，男人用虚伪隐藏自己的秘密。美国两性关系专家、精神病学家里塔·本纳苏蒂曾说：“男人的一举一动都透露出他的性格和品质，尤其是在他失去警惕的时候，在他不再努力给你留下好印象的时候，或者在他没有意识到你在观察他的时候。”因此，女人有必要学会偷窥男人的举动，学会看穿男人内心的秘密，读懂男人的真心。如此，才能避免被男人欺骗，捍卫自己在爱情中的主动地位。

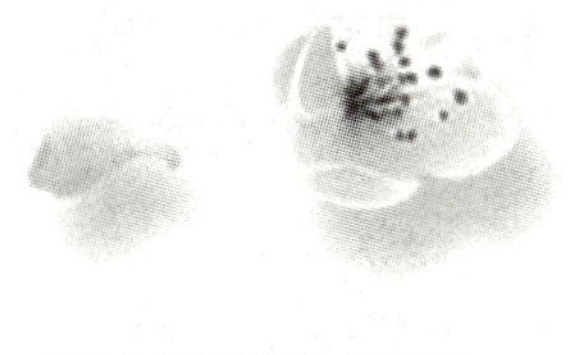

NO.1 火眼金睛，看清男人的本质

对女人来说，男人究竟是什么？有些女人说，男人是她们后面的跟屁虫；有些女人说，男人是不经意回头的那一抹嫣红；有些女人说，男人是情人节第一个送给她们红玫瑰的小男生；有些女人说，男人是她们眼泪的催化剂，是她们梦中的男主角，是可以信赖的肩膀，是一个可以避风的港湾……然而，这些也许只是男人的表象，男人到底是什么东西呢？如果你想看清男人，就必须有一双火眼金睛了。

男人对女人说："虽然你没文凭没外貌没身材，但是我一样会真心对你好。"乖乖女相信了男人的话，坠入了男人的情网，"坏"女人则会反问自己："我没文凭没外貌没身材，要什么没什么，男人凭什么对我好？"她们清楚，有些男人追求女人都是想满足追求的快感，心理的欲望，为此他装乌龟王八也在所不惜。还别说，这种男人并不少见，当他们得到女人之后，就会像孙悟空一样来个大变脸，或对女人冷淡，不那么在乎女人，甚至玩腻之后，就把女人甩了。

或许乖乖女不相信男人是这样的，她们会说："他对我不是一点点好，而是很好很好，给我洗衣服，给我买礼物，每天上下班接送我。这难道不是真爱吗？"即使男人好到这种程度，"坏"女人也不会轻易相信。她们知道，越王勾践当年为了复仇，不惜"吃屎"，男人为自己洗衣服、做饭、接送自己上下班又算什么？她们看清了男

人的本质——有些男人天生就很有谋略，懂得忍辱负重，为了目的会不择手段。

男人对女人说："我喜欢你很久了，追求你也很久了，这个你也知道，所以你要相信我，我只喜欢你。"乖乖女一想，觉得男人的话有道理，于是相信了。而"坏"女人不会轻易相信，为什么呢？试想一下，男人用电驴下载片子，肯定不会只下载一部，而是同时下载好几部，哪部先下完，就会先看哪部。同样，男人追女人时，可能也会同时追求几个女人，而且有条不紊地进行，就看先追到哪个了。所以，男人说"多年之间只喜欢你一个女人"，可信度是不高的。尽管男人有一颗红心，也可能做两手准备，即使错失了一次良机，他也会表现得很淡定。"坏"女人看清了男人这一点——他一个月、两个月、一年、两年一直追求你都没成功，这不代表他在这期间没有追求别的女人。

男人对女人说："你看我每次出去，都会主动打电话给你汇报行程，我多在乎你啊！"乖乖女觉得也对，于是相信了。"坏"女人则不然，她们清楚男人这东西——男人真是"道高一尺，魔高一丈"，有些男人为了防止女人追查他的行踪，特意主动汇报行踪，然后大胆地"把妹"。举个例子吧！

某男和网友香水百合约定在星巴克见面，在等待香水百合的时候，他给自己的女朋友打了个电话："亲爱的，我正在工作呢，太累了，我歇一会儿给你打个电话。我很想你啊，等我把工作做完，再给你打电话哦，等我电话哦！"挂完电话，这个男人放心地和香水百合约会，两人在星巴克相谈甚欢，他对香水百合有求必应。

再看看这个男人的女朋友，只见她心满意足地哼着小曲，乖乖地等男友的电话。这个时候，她变得非常懂事，绝不会去盘查男朋友。因为刚才男朋友说了在工作，而且他工作完会给自己打电话。

当然，这种情况不是绝对的，但是有这种可能。所以，乖乖女们，对男人多留个心眼，多点心理准备是没有错的。

男人对女人说："你不是处女，我实在无法接受，所以，我们分手吧。"乖乖女一听，只会恨自己不争气，恨自己不是处女，才让男人为难、痛苦。"坏"女人知道，分手不过是男人的一场预谋，或者是一个借口。

坏女人看清了男人这东西——男人和你分手，真正的原因只有一个，那就是不爱你了。至于其他的，都是借口。那些得手之后甩你的男人，很可能从一开始就没想过对你负责。他只是想玩玩你，这种男人你守是守不住的。如果他有心要娶你，即使和你上床了，也不会轻视你。在这里，丝毫没有鼓励你轻易就犯的意思，而是提醒你要看清男人的本质。

男人对女人说："虽然我爱抽烟，但是你放心，等你怀孕时，我绝对戒烟。"果真，男人做到了。这时乖乖女心想："我多次劝他戒烟他都戒不掉，但是我怀孕了，他真的戒烟了，这表明他对我还是挺好的。"

真是这样吗？"坏"女人可不这么想，她们知道男人不愿意为老婆戒烟，但是愿意为老婆肚子里的孩子戒烟。男人觉得伤害老婆无所谓，但不能伤害脆弱的孩子，孩子可是自己的。也许这种说法有些夸张，但这种男人（特指吸烟男人）绝对不少。这就是男人这东西——他们永远最爱自己，孩子是自己生命的延续，也象征着自己，所以他自然会爱。至于女人，当然排在第三位了。

除了以上几大本质特点，男人还有这样一些特点：

男人很容易喜欢一个女人，但不会轻易深爱一个女人；

男人容易犯贱，对重视他的女人他不会太重视，对他不那么重视，但有点挑逗的女人，他却像哈巴狗一样尾随；男人都怕女人死缠烂打，但是喜欢用死缠烂打的方式去追女人；

男人有一个梦想，那就是和红颜知己跨越友谊的界限，把红颜知己变成情人；

男人对待爱情比较理性，就算他感性上爱一个女人，但他如果觉得她不是一个好妻子，他会放弃她，再去找一个适合居家过日子的女人做老婆；

男人觉得恋爱和婚姻是两码事，有时候他拖着不肯结婚，根本原因是他认为身边的女人不是想象中的好妻子；

当男人喜欢的人在场时，男人会表现得比平日活跃，比平日慷慨，比平日聪明些，他会故意把话题扯到自己得意的事情上，会表露往日少见的好心肠，还会绞尽脑汁编造笑话逗大家笑，其实他的主要目标是那个他喜欢的女人；

在两性关系中，女人希望男人对她说："我愿意为你做任何牺牲。"而男人希望女人对他说："你真的很能干。"

当男人遇到旧情人时，往往会自作多情，他以为与自己有过感情的女人，会对他心存一份感情，幻想爱过的女人永远爱他。所以，男人更认同：分手还能做朋友。不管是别人甩了他，还是他甩了别人，男人多半愿意与前女友保持联系；

女人在意男朋友的前女友，男人却在意女人和他分手之后找什么样的男朋友，他会不时地批评她的男朋友；

面对两个对自己有爱意的人时，女人往往会徘徊不定，不知道选择哪一个，而男人却很想同时得到两个女人；

……

这已经不再是乖乖女能够适应的社会了，女人如果想更好地与男人相处，找到生命中的真爱，就必须知己知彼。男人和女人不是敌对关系，而是合作关系，但这并不妨碍女人看清男人这东西。就像在生意场上一样，你同样需要了解自己的合作伙伴有什么想法，有什么动机，有什么布局，然后更好地调整自己，使你们的合作实现利益最大化。

NO.2 大多数男人的心里都藏着一个天大的秘密

大多数男人的情感生活中，总有多个形色各异的女人，有情窦初开的初恋女友，有热情奔放的校园红颜，步入职场之后有成熟性感的暧昧同事，还有偶然邂逅的妩媚女子，即使当男人有了稳定的恋情，他的内心也可能为另一个女人敞开，欢迎另一个女人的到来。对于女人的幻想和追求，男人仿佛永远没有止境。所以，女人永远不可能知道男人真实的情史，这就是男人心中隐藏的秘密。

在妻子眼里，他是一个好丈夫；在孩子眼中，他是一位好爸爸。他温柔，体贴，顾家，从结婚的那天起，就保持着每月上交工资的好习惯。只要天气适宜，他都会在晚饭后陪着妻子散步。他没有任何风流韵事，在别人看来，他是打着灯笼都找不到的好男人。

但是有一次出差，他和同事们去 KTV，同事们都找小姐陪酒，几杯酒下肚之后，他们都左搂右抱。他本来想抗拒，但是大家都劝他也玩玩，他觉得如果拒绝，会很没面子，不像个男人。关键是，那个妖娆妩媚的小姐充满了诱惑力，他不禁动心了，结果，他和小姐上床了。

那是他第一次出轨，也是唯一的一次。后来，这件事被他的同事传了出来，当他的妻子得知此事时，无论如何也不相信作风正派的丈夫会做出那样的事。

为什么好男人也会意乱情迷和小姐上床呢？其实，这并不能说明男人的品行彻底败坏，而是与“嫖娼文化”有关系。社会学家们调查发现，当一个男人本来不想在色情场所迷失自己时，如果他的哥们儿都这样做了，他不这样做，他就会感到有压力，会有一种孤独感，因为别人会说他不像个男人，别人会说他在装纯，而他不想游离于哥们这个圈子之外，所以，他会半推半就地接受。

其实，类似的秘密对很多男人而言，只是冰山一角，很多男人都有过花花绿绿的感情生活，他们可能把生命中的几个女人清楚地告诉男性朋友，但绝不会把这一切告诉女人。这并不是因为男人以此为耻，相反，他们会把这些当做在男人面前炫耀的资本。

美国有部电影里有一句很有意思的台词：“女人如果说自己跟一个男人睡过觉，往往是那个数字要乘以三；男人如果说自己跟三个女人睡过觉，那数字则要除以三。”女人把睡过的男人往少了说，是因为她们还知廉耻，男人把睡过的女人往多了说，是为了炫耀自己，满足一种虚荣心。

男人不会轻易把这一切全盘告诉女人，很大程度上是考虑女人的感受。因为男人知道，再有修养的女人都爱吃醋，都在乎男朋友或丈夫曾经爱过的女人，所以，如果一个男人傻乎乎地把自己的情史全盘托出，那么他今后是不会有好日子过的。所以，这一切就成了很多男人心中极其深沉的秘密。

对于生命中的那些特殊过客，无论是初恋的刻骨铭心，还是第二次恋爱的真正用心，男人始终只字不提。这样做，很大程度上是为了防止身边的女人时不时充满醋意地训斥道：“你还想着她吗？”这是一个令男人很烦恼的问题，因为它太难以回答。而且无论男人怎么回答，女人始终不会轻易相信。所以，男人选择了将其埋藏。

除了那些正常的恋情，艳遇就更不能说了，因为偷偷摸摸才美妙，躲躲藏藏才兴奋，男人把这当成了最好的享受方式，当做一个天大的秘密去保守。其实，男人内心藏着的秘密不一定就是指感情史，还有可能是其他的秘密，比如曾经做了一件对他影响很大的丑事，不堪回首的堕落史等等。而这些男人一样会守口如瓶。

有时候，男人隐藏的秘密并不是什么了不起的事情，但他偏要隐藏。有个男人曾被问到最深刻、最持久的秘密是什么？那个男人想来想去，最后说出的居然只是一件小事——他喜欢一个小学女同学。他说："平时我真的不愿意轻易说出她的名字，她的名字仿佛非常神圣。"由于他小学转过学，他把那个女同学的名字都忘记了，但这件事他却死死记着，真不知道有怎样的情结。

在很多男人看来，隐密可以增强自己的厚重感。男人不会轻易把自己的历史告诉女人，除非他对你有好感。在男人心中，女人的地位很容易被量化，但是如果男人把自己心中隐藏许久的秘密告诉女人，说明他的灵魂在靠近女人。当女人的灵魂与男人的灵魂吻合时，爱情就产生了。

而如果一个男人告诉你，他的人生没有任何秘密，他对你没有任何隐瞒，无论他的语气多么强烈，表情多么真诚，你千万都不要相信。这只不过说明，男人没有接受你，他暂不打算让自己的灵魂靠近你。因为每一个男人都是从男孩蜕变过来的，都是用一个个秘密摞起来的。对于这一点，相信你也有同样的体会。

作为女人，你的人生也不可能没有秘密，你的成长过程就是一个充满大大小小秘密的过程，或许你也很享受这些秘密的制造过程，那种心跳的体验就像是上帝送给你的礼物，让你体验到最刺激的时光。

NO.3 男人征服世界，女人征服男人

自盘古开天辟地以来，上天就赋予了男人阳刚之气、责任感、进取心、征服欲。孩子还在穿开裆裤时，父母就不厌其烦地教导他："好男儿要志在四方，大丈夫要顶天立地。"上小学后，历史读物中的成吉思汗、彼得大帝征战四方，引得一个个男生心生崇拜，使得他们内心滋生出一种英雄情结——要做真正的男子汉，要征服世界。

其实，男子汉在征服世界的同时，也在征服女人。为什么成吉思汗有49个老婆？为什么古代皇帝有三宫六院，有享受不完的女人？因为男人本"色"，这种"色"取决于男性体内的睾酮素。当男人面对一个神秘的女人时，男人的好奇心就会被激发出来，他们身上的荷尔蒙、肾上腺、睾酮素就会急剧分泌。

什么是"睾酮素"呢？其实，它就是雄性激素，就好像是人体内的油门，会在女人的诱惑下踩下去，然后男人的心就会急速追逐女人。在动物身上，睾酮素也会对其行为产生重大的影响。尤其是在交配阶段，雄性动物会分泌大量的睾酮素。此时，雄性动物就像是疯狂的斗士，充满了野性和力量。

著名的情感问题研究作家陈彤曾说："你不理解一个男人的征服欲，你就无法理解任何男人，如果把男人的一生比喻成战斗的一生，女人毫无疑问就是男人一生主要的战利品之一，战利品越多质量就越高，男人就越有成就感和满足感。"无论是在古代的战场上，还是在如今的职场或情场上，男人都是当之无愧的角斗士。

其实，每个男人心中都有一种英雄情结，渴望自己成为一个武功盖世的角斗士，随时整装待发，征战沙场。当他们见到女人遇到困难时，男人那种“英雄救美”的心理就会油然而生，他们甚至愿意不惜一切代价去帮助女人。而在这种“救美”行为的背后，男人最想征服女人的身体，征服女人的心。

在《一千零一夜》中，有这样一个故事：

图兰朵是中国元朝的公主，长得貌美如仙。她告知天下的男人：谁可以猜出她的三个谜语，她就嫁给他。如果猜错了，他将被处死。三年中，渴望征服图兰朵的男人不计其数，可是他们都猜错了谜语，皆被处死。其中，波斯王子也前来猜谜，结果猜谜失败遭到处决。

虽然死者不计其数，但渴望征服图兰朵的男人前赴后继。在中国流亡的鞑靼王子卡拉富见到图兰朵后，彻底被她的美貌吸引住了，他不顾父亲和大臣的反对，前来猜谜语，结果答对了所有的问题，如愿以偿娶了图兰朵。

这是一个典型的关于征服女人的故事。这种强烈的征服欲望的背后，流露出来的是男人的色欲。征服欲就像“甜蜜的毒药”，让男人对女人欲罢不能。正因为如此，那些男人才会前赴后继来猜谜语，哪怕为此抛头颅，洒热血，献身情场，也毫不畏惧。他们死得其所吗？是重于泰山，还是轻于鸿毛呢？

对此，我们无法做出评判，因为他们有自己的想法，他们认为为挚爱的女人而死是值得的。尽管很多男人都为此命丧黄泉，但是他们在丧命之前始终有一种侥幸心理和冒险心理，他们认为：如果成功了，那将是前所未有的成就。正是这种心理支撑着他们勇敢去征服图兰朵。

男人爱女人的方式有很多，但无论是哪一种方式的爱，都搀杂了征服欲。女人吸引男人的方式有很多，但最有效果的是激起男人的征服欲。如果女人不理解男人的征服欲，那么永远不可能真正吸引男人。

如果你看过《鹿鼎记》，应该知道韦小宝有七个老婆吧！在这七个老婆中，韦小宝最喜欢哪个呢？估计很多人会不约而同地说："阿珂。"为什么是阿珂呢？因为她除了具备首屈一指的美貌指数，还善于激发韦小宝的征服欲。阿珂经常喜怒无常，经常对韦小宝若即若离，让韦小宝感到难以驾驭。越是如此，韦小宝越对阿珂朝思暮想、肝肠寸断。

俗话说："小偷喜欢惦记别人的钱包，猫喜欢盯着没逮住的老鼠。"再看看下山的猴子，尽管它怀中的玉米棒子多的往下掉，但它还要不停地掰玉米；再看看富甲巨商，尽管他们已经很有钱了，但他们依然想法设法赚更多的钱；再看看事业有成，有房有车的成功人士，他们还是不满足，他们还想要更好的房子，开更高级的名车。

当男人追到一个令自己心动的女人之后，他会就此满足吗？显然不会，或许他会喘息片刻，然后就开始猎取下一个目标。如果你想牢牢抓住男人，就应像阿珂那样，想办法保持神秘感，给他一种不确定感，激发他的好奇心，让他对你产生兴趣，这样他才会对你欲罢不能。

很多女人抱怨男人婚前婚后大变样，婚前浪漫体贴，婚后就开始"爱情呼叫转移"。其实，婚前男人之所以那么浪漫，那么体贴，是为了征服女人，把女人娶回家。而当男人把女人娶回家之后，也就意味着他大功告成了。那么，女人怎样防止男人在婚后征服别的女人呢？你不妨耍几招聪明诡计，激发男人的"狩猎"欲望。

（1）赞美他，让他得意

每个男人都渴望得到女人的赞美，尤其是渴望得到自己的女朋友或妻子的赞美。女人的赞美能燃起男人的自信和勇气，让男人觉得自己战无不胜，但赞美时要找准切入点，要结合男人的“征服欲”。比如，你赞扬男人床上功夫好肯定比赞扬他衣服洗得干净更让男人感到自豪，你赞美男人攀登能力强，肯定比赞扬他地扫得干净更能让男人感到高兴。只要是你真诚的赞美，哪怕是小小的赞美，也会让男人浑身充满激情。

（2）给男人自由，让他去奔放

男人向往自由，热爱奔放，如果你想拴紧他，把他困在爱情的笼子里，很可能会适得其反。正如用手抓沙子，你抓得越紧，沙子流失得越快。相反，你把手指松开，沙子反而会乖乖地待在你的手掌上。所以，与其抓住他，不如放开他，给他自由，让他去奔放。这样他更愿意以你为圆心，围绕在你身旁。

（3）学会撒娇，轻松搞定他

对男人来说，会撒娇的女人是充满魅力的。自古以来，男人凭武力赢得天下，女人靠撒娇搞定男人。所以，男人苦苦征战沙场，征服世界，到头来被女人几句撒娇轻松搞定，这就是所谓的“英雄难过美人关”。所以，你不妨时常温柔地称呼他，亲昵地看着他，在他面前羞怩一番，妩媚地扭动小屁股，他那颗浮动的心一定会彻底被你收服。

NO.4 做“坏”女人，3秒钟识破男人的谎言

你撒过谎吗？或许你会说，我从来不撒谎，我讨厌撒谎。但是当你看到英国伏特加饮料公司 WKD 的调查结果时，你就会为自己说

出的话感到后悔。这项调查显示：每个人的一生平均说了88000个谎言。其中，最容易脱口而出的谎言是："没事，我很好！"

中国香港《大公报》也有类似的调查，他们对2500名男女进行了一项调查，以平均寿命60岁来计算，每个人每天平均说谎4次，一年要说1460个谎言。而男人最爱说的谎言是，"我当然爱你""你穿那件衣服看起来很漂亮"以及评价他人做的饭菜时说"好吃，好吃"。

尽管男人爱说谎，但是我们不得不承认，这些谎言多数是善意的，是以不伤害感情为原则的，而不是以伤害他人为目的的。一般来说，男人说谎有这样几种缘由：

（1）为了自尊或面子而撒谎。当男人无法兑现承诺时，他往往会通过谎言来掩盖自己的失信。比如，"不是我不愿意给你买项链，而是因为今天我忘了带卡取钱，没钱我怎么买啊！"

（2）为了虚荣心而撒谎。每个男人都有虚荣心，很多时候，他们喜欢在同学、朋友面前充大头，喜欢夸大自己。比如，"我这几年还可以吧，年收入30万的样子。"

（3）为了掩盖自己的错误而撒谎。男人在外面和别的女人约会，回到家里，他总会想法设法说谎。比如，"我在下班的路上遇到了大堵车，所以回来晚了。"

（4）为了逃避情感而撒谎。有的时候，男人希望有一个属于自己的空间，这个时候，如果女人无法满足男人的需要，男人就会撒谎来逃避情感的压力。比如，"这几天我工作太累了，明天我想去钓鱼，散一散心。"

谎言的本质是对矛盾的暂时回避。从短期来看，谎言似乎是一种欺骗，但从长期来看，谎言也许是一种善意。当然，反之也成立。一个男人不撒谎是不可能的，对于那些善意的谎言，你没必要去戳穿，而要用心体会他给予的那份体贴和关爱。然后，你找个合适的机会告诉他，你理解他的心意，并真诚地感谢他。

而对于那些伤害你的谎言，你应该视情况而定来戳穿，如果对方是一个珍惜你，有道德底线的男人，你可以旁敲侧击提醒他老实一点，如果他是一个无责任感的男人，你决不能一味地装傻，该戳穿时一定要无情地戳穿，让他知道你的厉害。

下面列举男人最常说的 8 大谎言，分析男人说谎背后的原因，使你今后听到男人类似的话时，能够在 3 秒钟之内就将其识破，从而明白男人的真实想法。

谎言 1：“当然，亲爱的，你穿的这件衣服看上去很漂亮。”

男人说这句谎言是为了避免争论，也可能是不愿意伤害你的自尊心，不愿意扫你的兴。比如，他对你说：“亲爱的，你穿这件衣服不会显胖。”他说类似的谎言其实是为了让生活更轻松一点，不想给自己找麻烦。

谎言 2：“没问题，我肯定能修好。”

男人撒这句谎的原因是维护自信心。在家里，男人总想扮演全能全智的人物，通水管，修冰箱，给电脑装系统等等，男人都希望事事精通。如果男人不能修好自己的工具，他往往会撒谎说：“已经完全坏了，没法修了。”他不想承认自己能力有限，否则，他担心在妻子眼中不像个男人，以后再也抬不起头来。

谎言 3：“没事。”

男人撒这个谎的原因是想独自舔舐伤口。男人也有悲伤、沮丧的时候，对女人来说，可以向心爱的人诉说，但男人却不愿意暴露自己的软弱。当男人遭遇困难和挫折时，他宁愿退缩到自己的壳里。女人要记住，在男人眼中流血比流泪光荣许多，他们可以允许自己流血，但是决不允许自己流泪。因此，你应该理解男人这种好强心，给他自己舔舐伤口的空间。

谎言 4：“我给你打过电话。”

男人撒这个谎的原因往往是为了自卫。当他忘了给你打电话，或他约会迟到了，或没有及时给你买衣服，请多谅解他吧，因为有些小事不值得一直抱怨不休，你越抱怨，男人越防伪，最后只能用谎言来应付了。

谎言 5：“如果你不想做爱，我也不想。”

男人撒这个谎的原因是想避免被你认为是色狼。女人也喜欢做爱，但前提是和自己喜欢的人做爱，还要有适宜的环境和心情，还要洗个澡，甚至穿上性感的内衣。可是男人却没这么多讲究，只要不在女人的生理期，没有道德约束，男人就能在任何时候任何地点享受性爱。所以，如果你没有情绪的不适或身体的不适时，男人只好掩藏内心的失望。

谎言 6：“宝贝儿，我是最好的。”

男人撒这个谎的原因是让女人觉得嫁得有所值，他想告诉你：别忘了你嫁给了一个好男人。特别是当他看到电视上那些气度非凡的男人把老婆吸引住了时，他就会用这句话为自己打气。男人说几句大话，不过是为了给自己加油打气，你也没必要太当真。

谎言 7：“我没骗你。”

男人撒这个谎时是在为自己狡辩，这时候“坏”女人往往会立刻扬起巴掌，给男人一个狠狠的嘴巴子。或面露凶光地说：“你真没有骗我吗？你这句话就明摆着要再骗我一次。”

谎言 8：“我错了。”

有些男人至死不认错，这是为了面子。有些男人，一遇到事情就认错，这是因为这些男人根本没有把认错和负责任放在一起。他们说“我错了”，仅仅是为了哄女人而已。此时，女人们以为自己赢了，殊不知这是下一次受骗的开始。

NO.5 他跟你逢场作戏，还是真的喜欢你

面对男人的追求时，女人既兴奋，又紧张，还会充满不安。因为她不知道男人到底是真心喜欢自己，还是抱着“玩一玩”的心态和她逢场作戏。

琪琪是个热情活泼的女人，她在爱情上屡次碰壁。有一次，她在酒吧里认识了一个男士，她对男士很有好感，男士与她攀谈得也较为热情，于是他们交换了名片。

之后，琪琪开始等待那位男士的电话。可是一个星期过去了，那个男士依然杳无音信，琪琪按捺不住了，就主动联系他，可是打过去是个电话录音。琪琪还是不甘心，于是跑到那个酒吧区等他，但仍然没有他的任何消息。

后来，酒吧的一个服务员告诉琪琪：“你就别等了，他不会联络你的，因为他没那么喜欢你。”

琪琪感到奇怪，就问那位服务员：“你怎么知道他不会联络我呢?”

服务员说：“在这个酒吧里，我遇到过很多男女邂逅的例子，但是我作为旁观者，能够清楚地看透男人对女人是否有兴趣，是否真的喜欢女人。有时候，男人会和女人交换名片，但那不过是逢场作戏，是一种普通的社交活动，并不是做出追求女人的暗示。”

生活中，像琪琪这样的女孩还有很多，她们面对心仪的男人时，不明就里，不知所措，会傻傻地等待男人的电话和表白，一旦对方按兵不动，她们就心慌意乱。在这里，要告诉单纯的女人：如果男人真的喜欢你，他会主动联系你的，他会约你出来的，他会向你表白的。哪怕他再胆小，再内向，再木讷，也会想法设法表达对你的好感。

通常而言，男人喜欢你、想追你有这样几种表现：

（1）他会找借口接近你，跟你攀谈；

（2）向你索要联系方式，电话或QQ、MSN、邮箱等；

（3）主动询问或侧面打听你的消息；

（4）记住你说的一些关键的细节；

（5）跟你分别时，有些依依不舍；

（6）在得到你电话的三天内，主动联系你；

（7）主动邀请你去吃饭，看电影；

（8）隔三差五给你发信息，问候你、关心你；

（9）找各种理由给你送礼物；

当然，即使男人对你有这些表现，即使男人真的追求你，也不代表他不是在和你逢场作戏。因为逢场作戏有两种意味，浅层的意味是在特定的社交场合，你正巧有机会和他交流，他便凑凑热闹，应付一下。随着社交活动的结束，他便不会再联系你。琪琪的事例就属于这一种。深层的意味是，他虽然联系你，主动追求你，找你约会，但是他并不是真心喜欢你，可能是你身上有股吸引他的魅力，让他想得到你。说得直白一点，他只是想把你搞上床，而不是想娶你为妻。所以，女人千万分清楚男人追求你的真实目的。

丹丹和李亮是在网上认识的，当时丹丹20岁，李亮比她大10

岁。他们在同一个城市，丹丹在那里上大学，李亮在那里工作。一开始丹丹并没有想过和他恋爱，但是李亮主动追求她，并和她在现实中见面了。见面之后，丹丹发现大自己10岁的李亮并不老成，而是依然年轻，而且是自己喜欢的类型，于是他们很自然地开始了以恋人的姿态交往。

第一次约会，吃饭，看电影，整整一天，丹丹觉得特别充实。到了晚上，丹丹看时间不早了，就提出要回去。李亮在送她回去的路上，对她说："丹丹，今晚别回去了，过几天我要去外地出差，我们两个月之后才能见面。"出差这件事李亮之前跟丹丹提过。

见李亮一脸温情，丹丹有些不好意思拒绝了，于是半推半就，和李亮住进了旅馆。尽管睡在一起，但是丹丹并没有让李亮得逞。因为丹丹始终不同意发生关系，李亮遭到拒绝，显得有些生气。

丹丹也很生气，觉得恋爱没几天，男朋友就想发生关系，明摆着男朋友不是真心喜欢自己。第二天早上丹丹和李亮分别时，对李亮说："我不想和你继续交往下去了，因为我发现你并不是真心喜欢我。"说完之后，她不容李亮解释，就钻进了出租车，绝尘而去，把那个只想与她逢场作戏的男人丢在了身后。

丹丹的做法是明智的，她看透了男朋友的真实内心，毫不犹豫选择了放弃。借用丹丹的经历提醒广大的乖乖女们，当男人和你交往不久，就提出过分要求时，请学会果断拒绝。你完全有必要对他进行全面的了解，你有必要慢慢地考验他的真心，要让他不那么轻易得到你，你才更有希望俘获真爱。

事实上，在恋爱中，透过男人的表现，女人很容易看到男人真实的内心。假如你发现一个男人一开始热情地与你联系，主动约你，一段时间后，突然销声匿迹，再过一段时间，又突然冒出来了，请小心，这个男人很可能还有另一个女朋友。

假如你发现男人承诺你的事情总是无法兑现，还屡次找借口为自己辩驳，请注意，不要给他继续忽悠你的机会。这样的男人是不负责任的，他很可能没有对你用心，这表明他没有那么爱你。对于这种男人，你还有什么好留恋的呢？还是和他说清楚吧，要么分手，要么提醒他认真点，否则，你将放弃。毕竟青春短暂，你不能把宝贵的时间浪费在不值得的男人身上。

如果男人真心喜欢你，他会有怎样的表现呢？

（1）真心喜欢你的男人再忙也会主动和你联系，而且还会频繁地与你联系，他不会以忙为借口而不与你联系，除非特殊情况，他真的抽不出时间联系你。比如，他从事特殊工作，上班期间，必须手机关机。

（2）真心喜欢你的男人，一般不会无缘无故地从你面前消失。如果他有事要办，他会告诉你的行踪，会时不时与你通话，向你汇报他的情况。

（3）真心喜欢你的男人一般不会无缘无故地冲你发脾气，他会宠你，会关心你，会对你保持温和的语态。如果有一天，你和他打闹时，他下手狠毒，根本不把你当女人，这可能表明他已经不那么爱你了。

（4）真心喜欢你的男人会关注你的变化，比如，你的发型、衣服、小配饰、妆容等，还包括日志中的新动态，他都会予以关注。当你心情不好，有些憔悴时，他会很容易察觉到，继而关心你。

NO.6 男人劈腿与出轨的前兆

一叶知秋，一片落叶的凋零，预示着秋天的来临；一花知春，一朵红花的绽放，预示着春天的来临。大自然中一切事物的发生似乎都有预兆，同样，当男人打算劈腿或出轨时，也是有预兆的，关键是你能否及时察觉？如果爱情值得你去挽救，那么首先应该从发现男人劈腿与出轨的前兆开始。

当男人有了新的爱好时，你要警惕了。如果有一天，你发现他有生活情趣了，比如，爱上了跑步、爬山，而且不让你陪着，这很可能说明他已经有了新的交往对象，而这个人很可能是女性。因为男性的魅力不足以让同性如此痴狂，只有女人才能让男人充满接受新事物的动力。

当男人避免与你身体接触时，你要警惕了。劈腿的男人好像都有那么一点洁癖，当他不再愿意接触你的身体时，一部分愿因是他厌倦了你，另一部分原因是他已经出轨了，他对你有愧疚，害怕情到浓时露出了破绽，还有一部分原因是，他在别人的床上很卖力，回到家已经应付不了你了。所以，他往往选择倒头就睡，或说工作太累，或说没性趣，总之，他努力避免和你身体接触。

当男人照镜子的次数骤然增加时，你要警惕了。俗话说，爱美之心人皆有之，男人照镜子也不足为奇。但是，如果有一天，你发现他照镜子的次数增加了很多，而且每次照镜子用心了很多，打扮自己的发型时颇为认真，那么他非常有可能发生了不好的事情。人们常说，恋爱让人更美丽，男人有了新欢时，会像女人一样注重自己的形象，想一想你当初和你男人恋爱时，不也这么在意自己的形象吗？

当男人突然对你表现得很关爱时，你要警惕了。如果有一天，你发现很少给你买礼物的他，给你买了礼物，原来不做饭的他，今天居然主动做饭，你发现他变得特别体贴，这个时候你就要小心了，他可能劈腿或出轨了，总之是心里有愧，怕你发现异常，所以会显得格外殷勤。当然，这并不是说每次男人给你做饭，给你买礼物，都代表他有问题，而是要与平时进行对比。如果平时他也做饭，也给你买礼物，那么没什么好奇怪的了。

当你和他谈论第三者话题时，他不再像以往那样评论，这时你要警惕了。如果有一天，你的另一半看到关于小三的电视剧时立刻换台，或当你跟他谈论关于第三者插足的故事时，他一改常态，避而不谈，这很可能是他劈腿或出轨的前兆。因为男人深知“祸从口出”，害怕在谈论第三者的话题时不小心露出破绽，被女人看穿了，所以，他干脆不谈。

当你发现他在家里总是把手机拿在手里或放在手边时，你要警惕了。为什么手机不离手呢？因为他害怕不能及时接到电话，或担心别人打来电话被妻子接到了。情感心理学家研究认为，这中表现往往是男人劈腿与出轨的初期表现。当他接到第三者的来电时，会担心被妻子发现，因此会表现得躲躲闪闪，鬼鬼祟祟。

当他突然变得喜怒无常，似乎故意找你的茬，向你挑衅时，你要警惕了。男人劈腿与出轨后，对女人的关心会产生一种暴躁心理。女人越对他好，他越觉得烦躁和愧疚，于是，他可能表现得没事找事，硬要从鸡蛋里挑骨头和你吵架，似乎这样能够宣泄他内心的矛盾和痛苦。这是人在心虚的状态下的常见反应，他知道自己错了，干脆错上加错。

当你稍加“反击”（有时甚至是开玩笑或撒娇地批评他），他就马上说“那就分手吧”时，你要警惕了。他可能早就想和你分手了，只是没有找到合适的理由，所以才会抓住你说的话，并把它当做为分手的把柄。

当你要离开一段时间，比如，出差，回娘家，去旅游时，他显得莫名兴奋时，你要警惕了。当然，这种兴奋并不是在欢送你，而是过分的欣喜，似乎他巴不得你早些离开，为此，他还会不停地帮你收拾行李。知道吗？他可能是在为自己庆幸，因为你离开之后，他就有机会明目张胆地和第三者厮混了。

……

总之，男人劈腿与出轨前后，会有一些反常的言行，这些就是值得你警惕的征兆。当你发现这些征兆之后，你有必要多留个心眼儿，想办法搞清楚事实的真相，勇敢地面对这个不老实的男人。

第六章

Chapter 6

如何做一个有气质的优雅女人

容貌是天生的，气质却可以修炼。追求美是女人的天性，但是容貌是天生注定的。如果你没有国色天香的容貌，如果你没有7位数的存款，无法通过整容获得一张娇媚迷人的脸，那么就从今天开始，放弃对容貌的不满和抱怨，用心修炼自己的气质。只有真正有气质的女人，才能让人久久无法忘怀，让人回味，让人迷恋，让人珍重。

BEING A WOMAN SHOULD NOT BE
TOO HONEST

NO.1 容貌是天生的，气质却可以修炼

追求美是女人的天性，但是容貌是天生注定的。如果你没有国色天香的容貌，如果你没有7位数的存款，无法通过整容获得一张娇媚迷人的脸，那么就从今天开始，放弃对容貌的不满和抱怨，用心修炼自己的气质。

相对于容貌的显性特点，气质则是一个人的隐性特点，它涵盖了一个人的内涵、文化、修养、心态、言行举止等因素。漂亮的容貌可以吸引人，但是无法长久地留住人们对你的好感。只有真正有气质的女人，才能让人久久无法忘怀，让人回味，让人迷恋，让人珍重。

在大众眼里，似乎只有长相漂亮的女人才能成为电影中的女一号。但著名的导演史蜀君却表示，在挑选电影女主角时，她最看重的并非女演员的外貌，而是看重女演员的气质、个性是否与角色契合。当谈到美丽时，她的见解是："美丽是天生的，风度气质却可以靠后天培养塑造。这对每一个人都是公平公正的，每个人都可以成为有风度的人，恰恰能够弥补外在美丽的不足。"因此，如果你长得并非天生丽质，只要通过恰到好处的培养，你也可以拥有迷人的气质。

通常来说，女人的气质包含了四大因素：修养、内涵、形象、心态。所谓良好的修养，用一句话来概括就是：知书达理、文明礼貌、待人友好，显得有教养，有风度；所谓丰富的内涵，也可以用一句话来概括：有知识、有学问、有品位、懂艺术、爱美、爱生活

等等。

同样的，良好的形象也是女人气质的一个方面，包括仪容、仪表，这主要通过外貌和服饰来体现。良好的外在形象可以表现出你对生活的态度，得体的服饰可以表现出你的审美修养。另外，良好的气质还不能缺少良好的心态，良好的心态不仅是女人在感情、事业生活中如鱼得水的保证，还是增添自身魅力的重要法宝。

那么，女人怎样才能培养出迷人的气质呢？

（1）做善于打扮的女人

爱美、追求美是女人的共性，但爱美不等于夸张地、不合时宜地打扮自己。比如，有些女人原本青春朝气，却硬要模仿别人的端庄成熟；有些女人原本成熟丰韵，却硬是仿效别人的青春朝气，穿着红衣、绿裤，显得不伦不类。这样的打扮就很不得体，尽管她们的愿望是好的，但是由于打扮不得体，容易让人生厌。明智的做法是，穿衣打扮要分场合，还要结合年龄及身材、发型、个性等，再化些淡妆，表达一种含蓄之美即可。

（2）做真实的女人

女人如果矫揉造作起来，真的非常讨人厌。比如，有些女人来自农村，却满口“你们乡下人啊”；有些女人经济收入一般，买来地摊货充面子，还处处炫耀：“这是名牌……”有些女人在男人面前是淑女，在女人面前却是“爷们儿”；有些女人刚放下张三请客的碗，马上在李四家说张三的短……

女人要知道，真正的魅力不是“装”出来的，因为大众的眼睛是雪亮的，你是好是坏，是圆是扁，人们心中都有数。因此，与其装模作样、矫揉造作地标榜自己，不如正视自己的缺点，做一个真实的自己。一个有魅力的女人，首先是真实的，只有真实才能打动人。

（3）做自信的女人

自信的女人是迷人的，自信能给女人带来一种光鲜和积极的力量。有了自信的女人，走路时才会昂首挺胸，微笑时落落大方，和这样的女人在一起，你可以时刻感受到扑面而来的优雅气质。

（4）做温柔的女人

女人的天性是什么？不只是爱美，还有温柔。女人不温柔，还叫“女人”吗？在女人的词典里，温柔是分量极重的一个词，再漂亮、优秀、成功的女人，都需要以温柔作陪衬，这样才能更好地向周围的人展示自身的气质和魅力。温柔的女人总是润物细无声，不轻易发怒，遇事善于忍让，对别人和蔼可亲，这种柔美是男人最需要、最喜欢的。

（5）做爱学习的书香女人

常言道“书中自有颜如玉”、“腹有诗书气自华”。女人如果能保持阅读的习惯，保持学习的态度，就可以从书中获得身心的洗礼，知识积累到一定程度时，就会成为她们内心的一种文化沉淀。这种文化内涵，对她们气质的提升有很重要的作用。如果说化妆品能美化女人的容颜，那么知识就是女人内心的化妆品，这种化妆品会使女人越活越有气质。

（6）做个爱生活、有追求的女人

人生不能没有追求，追求生活中的真善美，热爱生活，再有几个兴趣爱好，那么这样的人生将会变得丰富多彩。女人的气质与对美好事物的追求、对生活的热爱、对兴趣的迷恋，都有不可分割的关系。通过兴趣，通过对生活的热爱，女人浮躁的心可以得到修炼，从而变得更加淡定从容，言行举止变得更加优雅得体。这样的女人不是更有气质吗？

（7）做懂得如何去爱的女人

有一种女人，她们身上的气质，可以给人温暖，催人奋进，让人充满动力，这种气质充满了影响力和穿透力，我们难以用言语来描述。如果非要用一个词来形容这种气质，那就是“懂得如何去爱”。

会爱的女人首先懂得爱自己，她们心胸宽广，不轻易生气——不用别人的错误惩罚自己；她们知道如何找乐子，懂得享受生活。同时，她们也懂得爱别人，爱自己的家人、朋友、同事，甚至一个陌生人。她们善解人意、体贴入微，处处与人为善，她们只言片语，就能暖人心窝，与之相处，你会觉得很舒服。

NO.2 无论身处何地，保持一份温婉之美

对男人而言，力量是魅力的一种体现。对女人来说，魅力体现出的却是另一种吸引人的力量。相比于男人的力量，女人天性是温柔的，所谓“柔情似水”，就是用来形容女人的温柔的。贾宝玉曾说过：“女人是水做的骨肉。”所以，女人的声音如山泉叮咚那般动听，身材如细柳那般婀娜，如此温婉之美，不知让多少铮铮铁骨的男儿顿生爱慕。

世间万物皆有阴阳之分，男人就应该刚毅坚强，女人就应该温婉含蓄，柔情似水。如果你缺少这种温婉之美，那不得不说是一种遗憾。

希拉里是美国前总统克林顿的夫人，她毕业于麻省理工大学，在当选美国国务卿之前，曾在费城 IBM 公司担任部门经理。当时她已是个炙手可热的人物，在别人眼里是风光无限的，但她内心却充满了矛盾。

希拉里有什么烦恼呢？她向一位朋友倾诉：“我实在是太累了，周围的人似乎都在奉承我却又似乎都在算计我，我不知道该相信谁，

我觉得没有一个真正的朋友。以前的那些好朋友也似乎一个个地远离了我，我想可能是嫉妒我事业上的成功……”

朋友听完她的话，就问希拉里：

“你喜欢养小动物吗?”

“你常参加一些社会慈善活动吗?”

“你和朋友间主要谈些什么？你的语气又怎么样?”

对于前面两个问题，希拉里的回答是否定的。对于第三个问题，希拉里表示，她与朋友主要谈论工作上的事情，语气也像工作时那样。

朋友找到了希拉里烦恼的症结，她认为希拉里不快乐的原因在于把工作和生活混在一起，而且抛弃了女人应有的温柔。这种处事方法让她失去了女人应有的温婉之美。

朋友告诉希拉里：“由于你忙于工作，没有时间和精力去表达爱心，去做有人情味的事情，比如，饲养小动物，这就使你的情感处于压抑状态，无从发泄，时间长了，你自然会感到烦躁不安，并不经意地表现出来。”

希拉里把工作当成表达身心活动的唯一手段，这种唯一性使她一直保持着工作中的女强人形象，这使她缺少亲和力。从这种意义上来看，希拉里是不懂生活的女人。

朋友建议希拉里抓住每一次出席慈善活动的机会，多让自己获得感动，多抽出时间和朋友们聚会。工作之外，应保持平和的态度与人交谈，使自己的内心得以放松。希拉里接受了朋友的建议，有意识地改掉了之前的不足，后来，她赢得了人们的信任和尊敬。

身为女人，不能缺少女人应有的味道，希拉里后来的成功与光彩足以证明这一点。首先，女人应该有女人味，没有女人味的女人还是女人吗？不如叫她“纯爷们”。没有女人味，女人的气质会锐减三分；其次，女人应该有人情味，自古女人皆多情，没有人情味的女人，最多是个“冰美人”，这样的女人只可远观，而不可亲近。当一个女人有了这两种味道时，她才能表现出温婉之美。

温婉即温柔、婉约，这种魅力不是来自于容貌，而是一种内在的特质。这种特质营造出来的，是让人沉醉的文雅与娴静，是高贵典雅，是才华横溢，是气定神闲。

温婉是女人独有的风格，是一种深刻的思想境界。女人的温婉是文化修为、性格特点、处事方式三者的凝练。温婉能折射出一个女人的兴趣情调、品质修养，能折射出女人的品位涵养、文明程度。温婉不仅是女人应有的美德，还应成为女人的处世之道。

温婉是女人独有的风情，一种高深的做人智慧。温婉的女人像清风，可以拂去心绪上的烦恼与忧愁。温婉的女人像春雨，可以洗涤内心的尘土。温婉的女人有一个共同品质，那就是善良。善良是一种天性，是女人最美的特质。有一颗善良的心，有一个良好的修养，这是一个温婉女人应具备的最简单的素养。

温婉的女人，可以没有优越的家境，可以没有倾国倾城的容貌，可以没有窈窕的体形，但是绝不能没有闲适恬淡的处世态度，不能没有善良、忍耐、宽容、善解人意。一个温婉的女人，不管何时何地，都要懂得用宽容之心去包容别人。

温婉的女人，总是怀有淡定从容的情愫，怀有坦诚之心，期待一种心与心的交流。纵然在纷繁琐事中忙碌，温婉的女人也善于制造轻松快乐，善于表达关怀和疼爱，善于给周围的人释放压力。

温婉的女人，懂得恰到好处地修饰仪容仪表，她们的着装虽不张扬，但却富有格调，就像静静聆听苏格兰的风笛，清清远远而又沁人心脾。温婉的女人看似沉默，但却富有情趣，她们偶尔也会恶作剧，让人捧腹大笑。她们还会采来山野的小花，把家装饰得更美。她们还懂得在特别的日子里，给心爱的人准备一份别致的礼物。

温婉的女人，懂得如何提高内在修养，还懂得为人处世之道。她们并非都是小家碧玉，历史证明，温婉的女人同样可以叱咤风云于商界、政界，同样可以名垂青史，万古流芳。比如，中国历史上的王昭君、李清照、宋庆龄、董竹君等，她们就是一代温婉女人的典范。

说到温婉的女人，我们不得不提到华语歌坛的蔡琴。1981 年，蔡琴以一首《恰似你的温柔》一炮走红，从此屹立歌坛20余年，她那淳厚自然、深情款款以及优雅雍容的嗓音，赢得了不同年龄层听众的喜爱。

在蔡琴唱碟的封面上，她眼下的泪痣、花瓣般的唇，都彰显了她的温婉和风情。这种深情含蓄的歌声以及温婉的形象，如同一个温暖的梦幻，让人陶醉，让人爱不释手。她的歌，越听越有味道，越品越发香醇。

温婉的女人是金秋时节清晨的那一缕暖阳，既没有夏日的炙热，也没有冬雪的寒冷，有的是恰到好处的温暖；温婉的女人，即使不经意的一个微笑，也能舒展出自己的美丽；温婉的女人，就像书房里那一幅清新的山画，每一笔每一处，都刻画着女人的成熟与从容；温婉的女人，就像静夜里回旋在耳边的小曲，平静中有着丝丝起伏，却让人久久回味……也许，时间会在女人脸上写下沧桑，岁月会在女人心里留下印痕，但是，无论何时何地，请做一个温婉的女人。

NO.3 ↘ 拥有宽容，女人就拥有迷人的个性

当你一只脚踩在紫罗兰的花瓣上，而紫罗兰却把香味留在你的鞋底，这就是对宽容最好的诠释。宽容是鞋底的紫罗兰香味，是荆棘丛中长出来的一抹最高雅的淡红。宽容是一种高尚的修养，是一

种崇高的处世境界。

宽容别人，你得到的是别人的感激，得到的是和谐的人际关系，得到的是轻松和快乐，得到的是心灵上的宁静。前苏联作家屠格涅夫曾说过："不会宽容别人的人，不配得到别人的宽容。"宽容是相互的，不仅可以惠及别人，还可以提升自己。

古人云："金无足赤，人无完人。"谁没有犯错的时候呢？更何况"知错能改，善莫大焉"，因此，女人应大度一点，心宽了快乐自然就多了；心眼太小，总爱记仇，生活就会失去真味。一位离婚的女士说："我以前不够宽容，经常为一些小事生气，给老公脸色看，为此我们经常吵架，最终把自己搞得伤痕累累，也伤害了对方，导致婚姻破裂……"

人生苦短，何必计较太多呢？宽容是解救自己心灵的最好办法，宽容别人，就是放过自己，一个懂得宽容的女人是智慧的，懂得宽容别人，才能让自己活得轻松快乐，才能让自己的个性卓尔不凡，让自己魅力无限。

一位老妇人在结婚50周年纪念日上，与来宾们分享了自己婚姻幸福的秘诀。她说："结婚那天，我把丈夫的缺点列出来，列了10条，我告诉自己：为了我们婚姻的幸福，我必须做到宽容。当丈夫犯了这10条缺点中的任何一条，我都会原谅他。"

来宾们感到好奇，问："你列出来的丈夫的10条缺点是什么？"

老妇人说："实不相瞒，在这几十年的婚姻中，这50年来，我始终没有把这10条缺点具体地列出来，因为每当丈夫犯错时，我气得直跳，但我马上提醒自己：算他运气好，他犯的这条不算那10条缺点中的一个。"

宽容是抚平内心最有效的方式，是婚姻幸福美满的保证。在你宽容别人的同时，你的思想境界会获得提升，这是一种心灵的修炼，宽容越多，你的心胸就越宽广。天空之所以广阔，是因为它能容纳每一片云彩，高山之所以壮观，是因为它可以收容每一块岩石，女人之所以有魅力，是因为她智慧通达，懂得宽容别人的过错。

美国心理学家克里斯托弗·皮特森曾经说过："宽恕与快乐紧紧相连，宽恕是所有美德之中的王后，也是最难拥有的。"宽容别人就是宽恕自己，宽恕了自己，你才不会心怀仇恨，才不会陷入愤怒。哈佛大学的一位教授曾给他的学生讲过这样一个故事：

在美国的一个大型的菜市场里，有很多小型的门面店，其中有位中国妇人开的店生意特别好，这引起了周围几个小店老板的嫉妒。为了发泄内心的不平衡，他们总是有意无意地把门口的垃圾扫到中国妇女的店门口。

中国妇人知道这是邻居的不友好行为，但她从来不计较，不生气，而是宽容地笑一笑，然后把那些垃圾扫到自己店门口的角落里。旁边有位卖菜的墨西哥妇人观察了好几天，忍不住问中国妇人："他们把垃圾扫到你店门口，你为什么不生气呢？"

中国妇人说："在我们国家，每当过年时，大家都会把垃圾往家里扫，扫的垃圾越多，代表来年赚的钱越多。因此，他们把垃圾扫给我，就是在送钱给我，我高兴还来不及呢，怎么会生气呢？"

从那以后，邻居们再也不把垃圾往中国妇人店门口扫了。

事实上，中国妇人的话是一种幽默的表达，因为她内心是宽容的，才会有这样的心态。正是这种宽容的心态，让周围的店主感到惭愧，从此不再把垃圾扫过来。由此可见，宽容可以感化别人，使人纠正自己的不良行为。

宽容不是姑息纵容，不是软弱可欺，而是一种大度和忍耐，是一种理解和体谅。女人学会了宽容，才能从痛苦的记忆中解脱出来，才能拥抱阳光和快乐。用宽容的方式对待别人，胜于以牙还牙的报复，因为宽容是温柔的象征，而报复是残暴的标志。与报复相比，宽容可以感化人性中丑恶的一面，使人心变得更加美好。

在第二次世界大战期间，有一支部队与主力部队走散了，而且这支小分队在森林里遇到了敌军，经过异常激烈的枪战，两名战士与部队走散了。他们来自同一个小镇，两人彼此安慰，在森林中艰难跋涉。可是过去了好几天，他们仍然没有与部队取得联系。

一天，他们打死了一只鹿，凭着鹿肉艰难度日。时间一天天过去了，鹿肉也快吃完了。一天，他们一前一后在森林中行走，突然传来一声枪响，走在前面的士兵肩部中了一枪。后面的士兵惶恐地跑过来，害怕得语无伦次，然后从衣服上撕下一块布，帮受伤的士兵包扎伤口。他的枪管不小心碰到了受伤士兵的腿，受伤士兵发现枪管是热的，他顿时明白了，原来是自己的队友打伤了自己，他肯定是为了得到仅存的食物而开枪，以便他自己能活下去。

当天晚上，那位开枪的士兵一直不停地念叨母亲，他想为母亲活下来。幸运的是，几天之后，两名士兵找到了部队。

这件事过去30年了，但是那位受伤的士兵从来没有提及此事，他从内心深处宽容了队友。在这30年里，他们一直是关系很好的朋友。30年后的一天，队友的母亲去世了。在葬礼之后，队友跪在他的面前，请求他的原谅，但是他没有让队友继续说下去，因为他早已原谅了队友。

一个人连开枪打自己的队友都能原谅，可见他的心胸多么宽广。宽容，让人生多了几分温情，少了几分仇恨；宽容，让人生多了几分快乐，少了几分忧愁；宽容，让人性多了几分善良，少了几分丑陋；宽容，让人生多了几个朋友，少了几个敌人。宽容让人的心灵得到升华，让人的形象变得高大。同样，一个优雅的女人，拥有了宽容的品质，才会有更迷人的气质。

NO.4 好男人是女人调教出来的

无论你男人的外形多么伟岸，他都有一颗孩子般的心。他有时候会叛逆，有时候会在外面“野”，有时候会和你对着干，有时候会因失败和挫折而沮丧。因此，男人需要你的理解和关心，更需要你的精心调教。有这样一则故事：

一位妇人的婚姻出现了不好的状况，她的丈夫经常夜不归宿，只顾自己寻欢作乐，不管家里的事情。为了挽回丈夫的心，这位哀伤的妇人来到庙里找高僧指点迷津。

“高僧，我的丈夫已经变心了，您能告诉我，怎样才能挽回他吗？”

高僧说；“如果你想我给你建议，你得表现出诚意。这样吧，你从狮子身上拔3根毛下来，我再告诉你怎么挽回你的丈夫。”

女人离开寺庙之后，心想，狮子是凶残的动物，我根本不可能从它身上拔下3根毛。但如果我得不到狮子的毛，就得不到高僧的建议，我该怎么办呢？妇人苦思了许久，最终决定去狮子身上拔毛。

不过，她不是直接去拔，而是想了一个办法：第二天清晨，妇人牵着一只小绵羊，来到狮子经常出现的地方。当狮子出现后，妇人把小绵羊送到狮子嘴边，狮子非常高兴，并对妇人产生了良好的印象。之后，妇人每天都为狮子送上一只绵羊。渐渐地，狮子接纳了妇人，并摇着尾巴向妇人打招呼，还让妇人摸它的头和背。又过了一段时间，女人顺利地从狮子身上拔下了3根毛。

妇人拿着3根狮子毛兴奋地来到寺庙找高僧，高僧问她：“你是怎样拔下狮子毛的？”

妇人详细地讲述了她拔狮子毛的过程。高僧听完之后，哈哈大笑道：“要想挽回你的丈夫，你就用驯服狮子的办法驯服你的丈夫吧！只要你运用得当，一定会让你丈夫回心转意的。”

男人就像狮子一样，他们表面上看起来有些凶猛，有些冥顽不化，但是他们的内心也是容易被感动的。只要你给男人这头狮子需要的“小绵羊”，慢慢地你就会驯服他，他就愿意被你抚摸，愿意让你拔毛。

那么，什么才是男人最渴望得到的小绵羊呢？其实，也许男人的需求很简单，只要女人对他温柔一些，多尊重他一些，给他一些赞美，给他一些自由，再给他一些小诱惑，他就会屁颠屁颠地围在女人的后面，心甘情愿地为女人奉献所有。

一个男人爱上一个女人有很多理由，也许是因为女人聪明，也许是因为女人漂亮，也许是因为女人气质好，也许是因为温柔贤惠，如此等等。这些都是男人喜欢的优点，男人爱上一个女人最关键的理由是，这个女人能让他变得更自信、更坚强、更能干。女人就应该给男人这种美好的感觉，如此，就能彻底驯服男人，让他一生为你守候。

莎莎在与高权结婚之前，高权非常喜欢喝酒，他经常和一些男人聚在一起，喝得不省人事。但是与莎莎结婚之后，只要他多喝一点啤酒，就会被莎莎用各种办法给阻止了。高权说：“莎莎不会当面阻止我，但是她使用的办法让我乖乖听话。我不得不放下我的酒杯，然后感动地抱着她。”

当高权和几个朋友聚餐时，莎莎就会在恰当的时间打电话过去，在电话里，她用甜得发腻的声音对高权说：“老公呀，这么晚了，外面冷吧！我给你送件衣服来吧，要和朋友玩得高兴点呀！”

每次接到类似的电话，高权就非常知趣地说：“亲爱的，不用了，我这就回家。”然后穿上衣服，和朋友道别。而当他到达小区时，莎莎会准时拿着高权的大衣迎候在小区的停车场。于是，他们拉着手在小区里散步或一起去街上逛逛，这时莎莎会娇滴滴地说：“老公你真好，其实我一个人在家好怕哟！”高权听了这话，感动得直发誓：“老婆，我以后会早点回来陪你的。”

莎莎是聪明的，她不动干戈就把丈夫调教得很听话。她的调教之法充满了智慧，她给了丈夫面子、关心、赞美，向丈夫展现了娇气、温柔，很好地感化了丈夫。生活中，有几个女人会像莎莎这样调教丈夫呢？

当爱喝酒的男人在酒桌上时，乖乖女往往会大声命令：“听见了吗？少喝点酒！”言语之中，毫不给男人面子；当男人喝得有些醉意时，乖乖女往往会非常生气，怒吼道：“叫你少喝一点，你怎么不长记性啊？你喝吧，喝死你。”言语之间，充满指责和愤怒。纵然男人喝酒不对，但是面对女人的这般呵斥，他们心里肯定会不好受。

女人们，向莎莎学习吧，给男人需要的东西，男人才会给你需要的关爱。那么，女人应该给男人怎样的“小绵羊”，才能把男人调教成好男人呢？

多给男人一点尊重：男人在家庭中，始终居于核心地位。在他们的骨子里，多少有一些“大男子主义”，所谓“大丈夫”、“大老爷们”，这些是让男人有面子的称谓。女人，你千万别和男人讲平等，千万不要置男人的面子于不顾。如果他当众吹牛，你千万不要戳穿他；如果言行不当，最好不要当着众人的面指出来。你可以把他拉到一旁，小声地提醒他。就算他晚上回家给你倒洗脚水，帮你洗内裤，在外面，你也应该给他足够的尊重，对他表现出一丝崇拜和欣赏。这样会让他觉得特别有面子，特别自豪。

多给男人一点信任：男人为了养家糊口，每天辛苦地工作，为了这个家，他不停地忙碌奔波。回到家里，他不希望你对他有所怀疑。如果你对他疑神疑鬼，会让他很受打击。对他多一点信任吧，他不会辜负你的信任的。

多给男人一点宽容：男人也是人，也有缺点，也会犯错，这时你不妨多给他一点宽容。当然，当他犯错了尤其是做了对不起你的事情时，你该闹还得闹，该生气还得生气，要让他意识到问题的严重性，让他知道你很在意。

多给男人一点关心：女人关心男人，这是最基本的要求，这并不是让你每天给他准备饭菜，最主要的是关心他的内心世界。你要善于了解男人需要什么，真正喜欢什么。适当地投其所好，满足他的心理需求，他会非常感动。

多给男人一点帮助：妻子是男人的贤内助，这个“助”不只是事业上的帮助，主要是为他解决后顾之忧，比如，替他向公婆多尽一份孝心，替他多给孩子一份关爱。让他没有后顾之忧，全身心地做好事业，这样才能给丈夫真正的帮助。当然，平时丈夫遇到困难时，女人也应该积极出谋划策，尽力为丈夫排忧解难。

NO.5 聪明女人要懂得：用好眼泪这种软武器

女人长得不漂亮没关系，女人如果不会哭，就不可爱了。人们常说：“女人是水做的。”哪个男人不喜欢如水一般的女人呢？所以，女人哭吧，哭得梨花带雨，男人自动会缴械投降。聪明女人深谙此招法，她们善于用眼泪拴住男人的心。可遗憾的是，乖乖女往往不会使用眼泪，她们害怕流泪后，男人看不起她们，害怕成为男人的负担。

男人和女人办完离婚手续后，女人习惯性地问男人："你不送我吗？"

男人不好推辞，就点了点头，送哪儿去呢？他们商议一下，决定去曾经留给他们最多最美的回忆的大学校园。因为他们是在上大学的时候相识相恋的，四年后，他们大学毕业了，然后顺理成章地结婚了。没想到，婚姻生活持续了8年，两人就要分道扬镳。

看着眼前熟悉的景象，女人的脑海里浮现出一个个幸福的画面，那自习室里两人一起看书学习的场景，那宿舍楼下两人依依不舍的相拥，那花前月下两人的窃窃私语，还有那红火的玫瑰，精美的生日礼物……想到这里，女人忍不住落泪了，然后狠狠地哭泣起来。

男人很及时地从口袋里拿出纸巾，不断地给女人擦眼泪。女人哭了很长时间，终于停了下来，她不解地问男人："你怎么带了这么多纸巾？"

男人说："我猜想你可能会哭，所以就准备了。"然后，他对女人说："我很久没看见你哭了，你还记得你以前爱哭吗？但是结婚后，我好像没见过你哭。每次吵架的时候，你都会据理力争，甚至有时候有点蛮不讲理。但是唯独忘记了哭泣。如果你哭泣，我可以帮你擦眼泪，你就可以看到我多么爱你了，可是我看到的只是你倔强的背影和不服输的心。"

眼泪的威力是巨大的，男人不怕女人和她据理力争，不怕女人和他胡搅蛮缠，最怕的是女人悄然落泪、伤心哭泣。当女人流泪时，男人会想尽办法哄女人，他可能会说："亲爱的，求求你了，不要哭了好吗？都是我不好，对不起，我错了，我向你道歉……"这个时候，女人的泪水就像刀子一样，一刀刀地割在他身上，痛在他心里。因此，他们往往会紧紧抱住女人，任由女人怎么打骂，怎么提要求，男人都会毫不犹豫地答应。

因为在男人的骨子里，让自己的女人流泪，对男人是一种无情的羞辱。因此，很多男人见自己心爱的女人流泪了，他们会有一种自责感和愧疚感。这时他要强的心也会软弱下来，不愿意再和女人辩解。

女人的眼泪是征服男人的软武器，是以退为进的解决问题的策略，是示弱的表现。女人的眼泪可以维护家庭的和谐，可以让大吵大闹的两个人冷静下来自我反思。女人的眼泪可以软化男人，让男人放下架子，承认错误。女人的眼泪可以激发男人的保护欲，会让男人心生怜惜，继而发誓守护自己的女人。

乖乖女们，你在心爱的男人面前哭过吗？我们不想听到你的回答是："我很坚强，我从不哭泣。"其实，女人哭泣不是罪，该哭的时候哭一哭，比咬牙切齿和男人死扛到底有效得多。下一次，当你和男人之间发生不愉快的事情，当你感到难过的时候，试着抱着他哭泣吧，用你的泪水，浸湿他的衣衫，让他的心被你的泪水浸染，这样你们的感情会更加亲密。

乖乖女们，不要忘了哭泣，流泪是你的代名词，是你独特的表达方式。你可以因感动而落泪，可以因委屈而落泪，可以因伤心而落泪，还可以因自怜而落泪。无论为何而落泪，只要你在男人面前落泪，你就很容易让他屈服，你的哭泣越悲戚，男人会把你搂得越紧。

眼泪是女人制服男人的秘密武器，但是不能滥用。有些乖乖女遇到一点小事就哭哭啼啼，会让男人很反感。还有就是，当家里遭遇困难时，女人若哭泣，会让男人非常失望。因为这个时候，他更希望和女人携手面对困难，而不希望看女人哭泣。由此可见，女人流泪要看时机，不该流泪的时候，最好不要流泪，否则，不但无法引起男人的爱怜，反而会引起男人的厌烦。

其次，女人还应把握流泪的分寸。什么时候该默默流泪，什么时候该嚎啕大哭，什么时候该轻声抽泣，这都是有讲究的。因为只有哭得恰到好处，才能收到理想的效果。

当你和他看电影，看到感人之处时，你只需让眼眶湿润、闪着泪花就足够了。这个时候，男人一般都会说："傻瓜，电视里都是演戏的，你何必那么认真?"这时你可以一边擦眼泪，一边说："讨厌，我觉得真的很感人啊!"这个时候，你向男人呈现的是一颗柔弱善良的心，可以激起男人的保护欲。

当你因为事情耽误了参加他的生日晚会，或因加班耽误了计划好的旅游，或因工作没做好被老板批评时，你可以让眼泪流下来，难过地问他："亲爱的，我是不是很没用啊？什么都做不好。"这个时候，男人恨不得变成超人，把全世界的钻石都奉献给你。

当你做错了事情，被男人数落和批评时，你感到难过，就哭出来吧。但是不要嚎啕大哭，而要无声流泪。因为嚎啕大哭有一种撒泼的感觉，而无声流泪更近似于自虐，楚楚可怜，会引起男人的同情。只要你犯的错不是什么大问题，男人通常都会原谅你的。

最后提醒一句：女人的眼泪发自内心，才能让男人受到感染和感动。如果你仅仅把眼泪当成一种手段，幻想用眼泪要挟男人，只想让他满足你的要求，那么你的眼泪就会失去应有的威力。这样的眼泪会让男人看破，会让男人麻木，也会让你失宠。

NO.6 学会装傻的女人其实是世界上最聪明的女人

有一种流行很久的说法：聪明的男人和聪明的女人结合，结果等于战争；“傻”男人和聪明女人结合，结果等于绯闻；聪明男人和“傻”女人结合，结果等于美满婚姻。尽管这种说法有些夸张，但很大程度上也说明了女人学会装傻的重要性。

其实，装傻是一门学问。很多男女之间感情出问题，就在于女人不懂得装傻。不懂得装傻，凡事看得太透了，女人就不容易获得幸福。

有一位女人要相貌有相貌，要身材有身材，要学历有学历，要聪明有聪明。可是她先后谈了很多男朋友，每个男朋友都和她交往不长，她自己也说不清楚为什么，都快40岁了，还是孑然一身。

到底是为什么呢？原来，就是因为她太聪明了，太喜欢较真了，太喜欢追究真相了。比如，男朋友向他许诺：“我会送一个金项链给你做生日礼物的。”她会说：“拉倒吧，你哪来的钱，你才刚毕业，一个月一千块钱，自己花销都不够，你怎么买得起金项链呢？别开玩笑了。”

男朋友说：“我有可能要升职了。”她会跑到男友的公司去打听，然后对男朋友说：“你说你要升职，我去问你领导了，根本就没这回事，你怎么爱吹牛啊？”

男朋友说：“我昨天晚上手机没电，所以没看到你的短信，真对不起，让你担心了。”她会说：“你少来了，你昨天晚上手机没电，你今天早上手机怎么有电。如果你昨晚手机在充电，难道你就关着机充电吗？你不会开机充电吗？我看你是不想回我的短信吧，何必撒谎呢？”

就这样，她的男朋友一个个地走开了。

毫无疑问，这个女人是聪明的，只可惜她的聪明在于智商，情商却很低。她不懂得装糊涂，不懂得给男人面子，她就像一个侦探，时时刻刻都想找到真相，哪怕是鸡毛蒜皮的小事，她也要弄个水落石出，最后让男人无地自容。

《汉书·东方朔传》中说：“水至清则无鱼，人至察则无徒。”水太清了，鱼就存不住身；人如果太精明，就没有伙伴。同理，女人对男人要求太苛刻了，就没男人愿意和她谈情说爱。所以，女人不要活得太明白，适当地睁一只眼闭一只眼吧，对于那些无关紧要的小事，没必要太较真。

哪怕你知道男人说谎，只要问题不大，只要他不是出于恶意而撒谎，你就不妨装糊涂，不予计较。如果你太较真了，就容易影响爱情婚姻，甚至产生小的裂缝，天长日久，裂缝就会越来越大，到最后你想修补都来不及了。

一天，琴琴在街上遇到好朋友萍萍，萍萍告诉琴琴，她和老公过不下去了，准备离婚。琴琴惊讶不已，因为以前萍萍总把老公的好挂在嘴上，让一帮朋友羡慕不已。琴琴问萍萍：“你为什么要离婚啊？你们不是结婚没多久吗？”

萍萍愤愤地说：“我对他那么好，给他洗袜子，给他买衣服，亲手给他做早餐，对于这个家，我付出了那么多，他去通宵打麻将了却骗我说在公司加班，结果被我发现了，他竟然说我平时疑心太重所以不敢告诉我。这算是什么理由？我明知道他口袋里有200块钱，可是他却不承认，还找我要钱，这日子真的没发过了。”

爱情和婚姻本身就是两个人的相互包容，既然知道男人撒谎了，也知道男人是因为害怕妻子才撒谎的，那么何不装做不知道呢？然后在适当的时候，提醒男人一下：打牌可以，但是要注意节制，不能晚上打牌，那样对身体不好。男人听了这话，肯定会心知肚明，从而修正自己的不良行为。

在爱情和婚姻中，女人之所以活得不快乐，很大程度上是因为不懂得装傻，不懂得调整自己的心态，过于计较小事。如果女人因为一些鸡毛蒜皮的小事，把自己变成一个蛮不讲理的“婆娘”，把自己变成一个锱铢必较的怨妇，试问，这样的女人对男人有吸引力吗？恐怕男人会躲得远远的吧！

聪明的女人知道什么时候该装傻，什么时候该聪明。她们知道，小事可以当做过眼烟云，不必过问太多；大事要和男人一起商量，比如，买房、买车、婚姻计划等。面对男人的善意谎言，聪明的女人不会刻意去揭穿他，更不用和他拼命，就算他看穿了男人的心思，也会装傻地笑着。特别是在旁人在场时，聪明的女人会给男人留面子。这时男人通常会心存感激，从而对女人更好。

女人们，就算你天生有一双火眼金睛，你也没必要把所有的事情看得一清二楚，因为那样不但会伤害你的眼睛，更会伤害你的爱情和婚姻。明智的做法是，只要把握住爱情和婚姻生活的大方向，保证它不偏离正常的轨道就行了，至于其他的小事，不妨装一装傻吧，聪明地装傻会让你显得更善解人意，更深明大义，会让男人觉得你更有魅力。

NO.7 寻找机会，告诉你的男人：你真棒

像所有的雄性动物一样，男人也喜欢在女人面前表现自己，希望获得女人的赞美。如果你善于找准时机，告诉男人："你真棒。""你肯定行。""你真是见多识广，太佩服你了。"那么，男人一定会回报你更多的爱。

有一次，吴静请几位女性朋友去她家吃饭。在家里，吴静陪着朋友聊天，吴静的丈夫在厨房忙碌着。这不禁让大家感到好奇：吴静的丈夫为什么那么勤快呢？细心的朋友发现吴静在聊天的时候，不时地大声嚷着："我老公真是能干呢，什么事情都比我做得好！"

聊天中，吴静时不时去厨房和丈夫说几句话，基本上是赞美和关心的话。比如，"老公，你辛苦了，我帮你切菜吧！""老公，你切土豆丝真娴熟，竟然能切这么细。"老公不耐烦地挥挥手："陪客人去，你切的菜没法炒，等吃完饭你洗碗吧！"

吴静还向朋友们建议："当你在做家务的时候，不妨也让你的老公加入进来。你可以对他说：亲爱的，我这几天不能接触冷水。但是，你的几件衣服不能再放下去了，你去帮我烧点热水，让我把衣服搓洗一下，你再用冷水洗干净好吗？这个时候，你的老公肯定会说：你别忙了，我来洗吧！"

朋友们听后，认为吴静说得有道理。

"不过，当你的老公干完活之后，你要记得告诉他：你干得太棒了。即使你老公刷完马桶，你也要说，老公刷的马桶更有男人味。

这样，他会更爱做家务，他会更爱你。”吴静接着说。

“在恋爱或婚姻中，女人千万不要充当保姆，事事都揽下来。当男人问你：我帮你洗衣服吧。这时你千万不要说：你毛手毛脚的，洗也洗不干净，还是算了吧。因为你在打击他，他以后可能再也不会主动提出帮你洗衣服了。正确的做法是，你给他表现的机会，并夸奖他衣服洗得干净。”直到这时，大家才明白了吴静的老公为何干活那么卖力。

赞美男人要在平淡之中见真情，源源不断地向他传达欣赏和爱慕。至于到底该赞美男人什么，需要你耐心地去发掘，你要相信男人有很多值得你称赞的地方，只是你没有发现罢了。如果男人的平常举动被你及时关注和称赞，那么他一定会觉得你很欣赏他。这样，他会获得心理和情感上的极大满足。

当男人在墙上钉上了一个画框时，乖乖女往往会睁大眼睛去观察：“歪了歪了，左边再高一点，嗯，对了……”而聪明的女人则会夸男人：“真棒，钉子钉得真牢固。”再看看男人的脸上，满是得意，干活也更有劲了。这就是赞美带给男人的力量。

早晨，老公醒了，晓燕抱住老公的头，吻了他，告诉他：“你昨天晚上真的很棒。”在这句话的鼓励下，老公起床了。随后，晓燕追随着老公出去晨练，看着老公健硕的肌肉，她不由自主地脱口而出：“老公，你的身体真结实，肌肉真多啊。”

晨练之后，老公吃完了晓燕亲手做的牛奶三明治，然后出去上班了。晓燕展开了她的日记本，在本子上记下：老公，今天真棒，把我做的饭菜全吃完了。而且，她还在结尾吻上了一个唇印。晓燕知道，好奇的老公早就习惯性地偷看她的日记本了。

晚上，老公回到家，买回来了很多牛肉，准备做晓燕最爱吃的牛排。当老公在厨房忙着做牛排时，晓燕一边在客厅摆弄着手机，一边关切地问："老公，需要帮忙吗?"当她得知老公的牛排快熟了的时候，她又说："老公，牛排真香啊!"然后，老公奖赏她一大块冒着香气的牛排。

当天晚上，晓燕依旧夸奖老公。

他们的生活继续循环往复……

晓燕幸福生活的秘诀是什么呢?那就是赞扬男人，告诉男人：你真棒。

"好男人是夸出来的。"这句话不是来自于哈佛心理系的研究报告，而是来自于对中国大陆无数家庭调查获得的报告。如果你不相信，去问那些和自己老公相处得很好的女人吧。她们会用历经沧桑的嗓音告诉你："好孩子是夸出来的，而老公就是我的一个大儿子，好男人也一定要夸。"当然，夸男人比夸孩子简单多了。

等你坚持夸赞男人一段时间后，你就会发现，你的男人真的成为了全世界最好的男人了。这个时候，你不仅可以不为自己的昂贵化妆品的开支担忧，而且还有可能坐上最新款的甲壳虫轿车。而且，你的男人会尽力地照顾你，不让你受到一点点伤害。这就是"你真棒"这句话的魔力。

第七章

Chapter 7

记住：自信、自立是女人最好的“妆容”

自信、自立是女人自强的前提。无论你长得漂不漂亮，你都要昂首挺胸地正视生活、正视他人。因为漂亮本来就没有固定的定义，牡丹虽美，但有人却嫌它张扬俗气；菊花虽雅，但有人却嫌它冷酷骄傲。只有自信、独立才是女人最美的“妆容”。女人要相信自己，不断完善自己，要独立行走于世，不是为了取悦男人，也不是为了追求虚荣，而是为了体现自己的价值，让自己在平凡中脱颖而出。

NO.1 女人们的独立宣言：做我自己

一只狐狸看到老鹰从天而降，在转瞬之间用利爪抓住了一只兔子。顿时，狐狸被老鹰的霸气和威风折服了，于是它努力打磨自己的爪子，想效仿老鹰捕猎。一段时间之后，狐狸自认为准备工作做好了。那天，狐狸全副武装从高坡上俯冲下去，“飞”向一只兔子，但是很可惜，它没有抓住兔子，而是重重地摔在了地上，当场毙命。

有些女人和上面的这只狐狸颇有共同之处，她们不去做自己，不去发挥自己的优势，而是模仿别人，结果把自己弄得不伦不类。女人应该明白，一味地羡慕别人，盲目模仿别人，就很容易失去自我，最后可能什么也干不成。相反，如果发掘自己的优点和长处，找到自己的本色，努力去做自己，就很有希望获得一份成就。

有个女人从小就梦想成为一名歌唱家，可惜她的相貌丑陋，嘴巴太大，牙齿又非常暴露。因此，她每次唱歌时，就会试着用上嘴唇遮盖住牙齿，但这往往适得其反，出尽洋相。有一次，她在夜总会唱歌时，一个观众十分坦率地对她说：“我知道你唱歌时很想掩藏龅牙，你觉得自己的牙齿很难看，对吗?”

她显得非常窘迫，可那个观众继续说：“长了龅牙并不是罪过，你不必去遮掩，请勇敢地张开你的嘴巴，努力发挥你的唱功吧。也许这样，观众会更喜欢你的歌声，也许你想遮掩的龅牙会带给你好运。”

她接受了这个忠告，唱歌的时候不再关注自己的龅牙，而是全身心地歌唱，她张大嘴巴，声情并茂，热情洋溢，终于赢得了观众的认可。后来，她越唱越好，越唱越有名气，终于成为一名出色的歌唱家。

每个女人都有这样或那样的潜力和特长，每个女人都是这个世界上独一无二的，每个女人都有自己的本色。因此，你应该为自己是世界上独特的人感到庆幸，充分利用上天赋予你的一切，努力去做真实的自己，创造一个属于自己的美好未来。

也许你本身并不优秀，但是只要你做回真正的自己，独立地走自己的路，你就是值得尊重的女人，你就会充满魅力。所以，不要在乎别人的看法和评价，走自己的路，让别人去说吧。当你不受外界的任何影响，坚定地走自己的路，做自己的事时，你才是一个真正独立的女人。

索尼亚是美国著名的女演员。小时候，她生活在加拿大渥太华郊外的一个奶牛场，并在附近的学校读书。有一天，她泪流满面地回到家，说同学说她长得丑，还说她跑步的姿势难看。

父亲听了她的话，只是笑了笑。过了一会儿，父亲对她说：“我能摸到我们家的天花板，你相信吗?”

索尼亚看了看天花板，觉得父亲不可能摸到。父亲笑着说：“我知道你不信，那你也别相信你同学的话，因为有些人说的并不符合事实，就像我说能摸到天花板，但事实上我摸不到一样。”

索尼亚明白了，她知道不能太在意别人的看法，而要按自己的想法去做事。后来索尼亚长大了，到了25岁时，已经小有名气。有一次，她按照计划去参加一个集会，但是那天下雨了，她的经纪人告诉她：“今天天气不好，参加这个集会的人不会太多，你可以不去。”

经纪人的意思很明显，作为一名新人，索尼亚应该把时间放在大型活动上，以提升自己的名气和影响力。但是索尼亚却不这么想，她认为自己承诺过的事情，就必须兑现。结果，索尼亚冒雨参加了那次集会，因为她的到场，现场的人越来越多，她的名气和人气也骤然提升。

做自己，意味着不轻易受到别人的干扰。也许别人的意见和建议没有错，但是既然是你认准的事情，那就坚定地去做吧。因为命运掌握在你自己的手中，你是自己的主人，你要自己拿主意。做到这一点，你才是独立的女人。

生活中，有些女人的骨子里有一种软弱成份，她们经常受到别人的影响。或因为别人的意见而改变主意，或羡慕别人，自我贬低，她们忘了怎样做自己。很多女人经常问别人："我这样做究竟好不好？我的选择对不对？"她们问了这个朋友，又问那个朋友，恨不得再去问老天爷，希望别人给他指点迷津。她们对自己没有信心，她们的内心总是忐忑不安。

其实，女人们，你不用东张西望了，你也不用费尽心思去征求别人的意见，因为你的人生由你做主。也许最好的选择就在你心里，也许最好的个性就在你身上，你何必舍近求远，从别人身上寻找答案呢？所以，还是自信一点吧，独立一点吧，这样你至少可以大声告诉世界："我的选择符合我的人生目标，即使它不是最完美的，但至少是我最喜欢的。"这就是你的独立宣言，这就是独一无二的你。

NO.2 巾帼不让须眉
——你可以比男人做得更好

女人虽然不像男人那样拥有强健的体魄，也不像男人那样拥有刚硬的性格，甚至很多时候是被保护的对象，但这并不代表女人是弱者。女人虽然柔弱，但可以和男人一样独立自强，可以和男人一样充满韧性和坚持，可以和男人一样充满智慧和精明，并且完全可以比男人做得更好，创造出男人自叹不如的丰功伟业，令男人对你仰目而视。

比如，可米瑞智传播事业有限公司的董事长柴智屏，曾三度拿下金钟奖，被美国《商业周刊》评为亚洲之星，同时，她还是一位王牌综艺节目的制作人。再比如，曾一夜之间销售百万手表，在香港有“钟表女王”美誉的胡敏珊，她的成功故事在钟表界几乎是一个传奇。

所以，女人不应该把自己当成弱者，不应该认为天生就应该依靠男人而活，而应该时刻提醒自己：尽管在某些方面不如男人，但是你也拥有男人没有的优势，你可以自强不息，你也可以出人头地。只要你保持“巾帼不让须眉”的勇气，再加上努力和坚持，你就可以比男人做得更好。

曾雪是一家美容机构的总经理，她的幽默风趣和睿智干练，为很多同行、顾客以及公司的员工所折服。然而，就是这样一个成功女人，在几年前却是另一种状态。

几年前，曾雪是个内向寡言的女人，她对那些在会议上口若悬河的男同事非常羡慕，她也想像他们那样大胆自信地表达观点，可是她每次发言时，总显得很紧张。再就是她心里总觉得：女人应该内敛一点，话太多会给别人留下不好的印象。因此，她变得越来越沉默，越来越胆小，还有一种莫名的自卑感。

后来，细心的曾雪发现但凡公司的高层管理者、团队领袖几乎都是男性，而且他们绝大多数都有一流的口才，在众人面前发言，可以做到镇定自若，毫不怯场。于是她开始加强口才练习，为此她报了口才班，买了口才书，平日里刻苦练习。

功夫不负有心人，曾丽通过练习大大提高了口才，后来她靠着口才慢慢从普通员工中脱颖而出，在公司不断获得晋升。随着职位的步步高升，她结识的同行成功人士也越来越多。再后来，她辞去工作，创办了一家美容机构，在短短的时间里，获得了丰厚的利润。

在成功的道路上，没有男女之别，只有强弱之分。如果你自认为自己是弱者，即便你有实力和才能，也难以成功。如果你想成功，你就必须抛弃“女人是弱者”“女人不如男人”等心态，努力提高自己的职业技能，扩充自己的知识储备，让自己变得更加出色。

当然，一个女人要想取得事业上的成功，要想出人头地，她付出的努力和汗水往往要比男人多一些，但只要女人心志坚强一些，多一些自信，多一些坚持，困难就变得不再可怕。这一点在很多成功的女人身上有很好的体现，陈冬一的成功就说明了这点。

陈冬一从一名普通的服务员，一步步脚踏实地地拼搏，最后变成了一个女企业家，她所创办的锦上酒楼如今已成为成都餐饮业的巨无霸。她今天的辉煌是怎样获得的呢？

1996 年，陈冬一高中毕业之后，在银杏酒楼当起了小小的服务员。当时的月薪只有 200 多元。在工作期间，她的表现非常出色，工作能力也得到了锻炼，还被提升为领班，最后做到了银杏酒楼的主管，月薪达到了 2000 元。

对于现有的成绩，陈冬一丝毫不满足，她在空闲时总是思考未来的发展之路，因为她知道做前台服务是吃青春饭的。与很多同事计划留在银杏酒楼的想法不同，陈冬一决定从事更自由的工作。2002 年，她辞职了，带着在银杏酒楼学到的前台服务的基本流程、管理理念以及一定的人脉资源，踏上了保险推销员的岗位。

也许是觉得保险推销员的工作不适合自己，也许是距离产生美，离开餐饮业后，陈冬一发现自己挺想念餐饮业的工作，她甚至觉得自己的骨子里非常热爱美食、餐饮管理。于是，她仅仅干了一个月的保险推销工作，又重回餐饮的轨道。她先后在芙蓉锦江酒楼和海港城酒楼工作过，在工作中，她学习了很多实战管理经验。比如，包间内摆放多大的桌椅、酒楼的装修风格怎样……

2005 年 10 月，陈冬一创办了锦山酒楼，2008 年第二家锦山酒楼闪亮登场，2010 年，第三家锦山分店诞生……就这样，陈冬一的事业越做越大。

巾帼不让须眉，男人可以做好餐饮业，女人一样可以。这个世界上的大多数事情，男人可以做得好，女人同样可以做得好，甚至可以比男人做得更好。只要女人有自信，去钻研，去努力，女人完全可以和男人一样独当一面，可以在某个领域成为佼佼者。

身为女人，对现实生活应该少一些抱怨，多一些自我激励。哪怕身处困境，也应该保持积极乐观的心态，绝不认命，绝不向困难妥协，而要不断提醒自己：我很优秀，只要我积极想办法，一定可以战胜困难。面对一项工作时，你也应该提醒自己：我是很棒的，只要把全身心都投入到工作上，我一定会把事情做得更好。只要你有一股不服输的精神，你就有希望成为让男人敬佩的女人。

NO.3 独立，美丽女人的必备要素

男人喜欢漂亮的女人，更喜欢美丽的女人。而美丽女人的必备因素，首要的应该是独立。独立的女人就像一道亮丽的风景，让男人佩服，让男人留恋，让男人翘首以盼。因为独立的女人可以活出个性，可以释放洒脱，可以尽情地展现自己的美。这些美是依赖成

性的女人所不具备的美。

有些女人嘴上说："我要独立，我要自立自强。"可是，她们或许并不清楚真正的独立，也许她们也算不上真正独立。其实，真正的独立应该包含三个方面：身体独立，经济独立、精神独立。

很难想象，一个身体不独立的女人，是怎样的一种生活状态，或许就像一只被线牵着的风筝，自己不能决定前进的方向，而要任人摆布。有这样一个例子：

霞霞和男朋友同居了，两人每天生活在一起，彼此没有自由的空间。她和闺蜜去逛街、旅游，男朋友都不放心，不断地电话追踪。晚上睡觉时，她没有决定性爱的权利，有时候她不想做爱，但男朋友却硬生生地要求她，她没办法，只好硬着头皮应付。为此，她经常晚上休息不好，第二天工作状态很糟糕。

后来霞霞和男朋友闹矛盾了，闹得很凶，闹了很久，男朋友嘴上说跟她分手，但是却不搬出去，性要求和以前一样频繁。对此，霞霞居然丝毫不拒绝，她说想用身体留住男朋友。可是结果，男朋友"吃腻"了，终于毫不留恋地离开了。

看到霞霞的遭遇，我们难免心生同情。她的身体也是不独立的，而是经常被男朋友左右，左右了身体的生理欲望，左右了身体的自由行走。聪明的女人，如果你想快乐地生活，不受他人左右，那么试着强硬起来。因为你有身体独立的需要，你有追求自由的权利，除了你自己不想独立起来，否则，没有人能阻止你独立。

身体独立只是独立的第一步，第二步是经济独立。要想经济独立，你就必须有自己的工作，有自己的事业。也许你只是一名普通的公司职员，你的事业完全称不上轰轰烈烈，但是你可以每天过得很充实，每个月有自己劳动所得的一份薪水，这份薪水可以维持你的生活，维持你的所需。当然，如果这份薪水太少，不能满足你的需要，你要么节俭一点，要么努力一点，提高自己的能力，增加自己的价值，从而赚更多的薪水。

经济不独立的后果是很严重的，也许你的男朋友或丈夫对你说：“亲爱的，你不用上班，我养你。”也许他每个月会给你一笔钱，让你自由支配，但是你要记住，这并不是你的钱。如果哪一天你和他闹矛盾了，而此时你需要用钱，你还好意思找他要钱吗？如果哪一天他背弃你，你又依靠谁呢？当然，也许这些只是一些悲观的假设，但是它们是非常有可能变为现实的。

女人们，你要知道，如果你向他伸手要钱，你和他就没有平等对话的资格了，而他也会对你失去应有的尊重。因为他给你钱花，他在你面前就会有一种优越感，他可能对你颐指气使，对你呼来喝去，你愿意被他使唤吗？

所以，女人一定要有工作，要用自己的行动去创造价值，哪怕你一个月只能赚 1000 元，你也是值得尊重的。如果你的丈夫很有钱，你也需要工作，你可以让他给你一笔钱做自己想做的事情，比如，开个书店、开个咖啡馆等等，只要你不在家闲着，不做无所事事的“寄生虫”，只要你有所追求，有所行动，你就是值得肯定的女人。

女人独立的第三步是精神独立。所谓精神独立，是指女人应该有自己独立的思想，不随波逐流，不因循守旧，不人云亦云，既不会因为独立而孤芳自赏，也不会因为独立而百无聊赖。也许很多女人有这样的经历：

在遭受打击、面对挫折和绝望时，女人会变得惶惶不可终日，希望有一个人给自己精神力量和支持，希望他出现在自己的面前，给自己安慰和帮助。这个人也许是父母，也许是闺蜜，也许是男朋友。而当有一天，忽然失去了这些人时，女人会立刻感觉精神世界坍塌了，觉得无助，觉得茫然。于是女人会问自己：没有他我该怎么办？没有他我该怎么活？

现实中，有些乖乖女把自己的精神寄托在男人身上，当男人离去时，她们会彻底消沉，变得没有生活的勇气，这就是精神不独立的典型表现。在心理学上，在精神上完全依赖于别人的心态称之为“托付心态”。

女人的托付心态是婚姻的最大杀手，因为女人是在把幸福寄托在男人身上，女人的表现是：什么事情都问男人，没有自己的主见；什么烦恼都向男人倾诉，没有自我调节情绪的能力；男人高兴时，女人也高兴；男人不高兴时，女人的心情马上被男人影响。这样的女人是很难感受到婚姻的幸福的。

其实每个人身上都有独立的思想，独立的信念，为什么一定要依靠别人呢？只要你相信并愿意，你就可以主宰自己的思想和灵魂，帮助自己排忧解难。这并不是否定求助他人，而是说要有一种独立精神，要有主见，要有自己的思考，当然，这并不否认和他人交流，集思广益，择善而从。

NO.4 为工作而生活，女人因事业而美丽

有些人觉得女人应该以家庭为重，尤其是结了婚、有了孩子，女人就更应该持家、照顾孩子。然而，如今的社会，有各种各样的开支，仅靠男人一个人来支撑，显然是不够的，女人同样应该去工作，和男人一起支撑家庭。

当然，如果说女人工作只是为了帮男人分忧，那么男人可能觉得女人太小瞧他们了。其实，女人工作还有更高的追求，那就是实现自己的价值，让男人不再小觑自己。这样对女人赢得男人的尊重和疼爱，

对维护家庭稳定有更加深远的意义。不信，就来看一个例子：

佩佳大学毕业后在一家公司认识了刘健，经过一年的恋爱，两人结婚了。之后，他们的孩子出生了，佩佳辞去了工作，在家照顾孩子。与此同时，刘健也辞去了工作，和几个朋友合伙在外地创业，自己做起了生意。

刘健每天忙于生意，无暇顾及家里的妻儿。虽然这段时间生活很困难，但是刘健和佩佳的感情却很好。经过两年的奋斗，刘健的生意慢慢步入了正轨，后来公司接了几笔大的订单，生意开始好了起来。之后，刘健买了房和车，把佩佳和孩子接了过去。

很自然，佩佳做了家庭主妇，每天接送孩子上幼儿园，操持家务。虽然不愁吃，不愁穿，但是生活非常单调乏味，她经常觉得心里空荡荡的。起初刘健表现还不错，每天忙完公司的事情，就回家陪佩佳和孩子。但是渐渐地，他和佩佳没什么可聊的，两人只是坐在一起看电视。后来，刘健索性借口工作忙，很晚回家，有时甚至不回家。

佩佳看出了丈夫对自己的冷漠，但是令她万万没想到的是，她的丈夫居然有了外遇。有一次，她到酒店去看一个朋友，无意中看见刘健和一个年轻美貌的女人亲密地从酒店出来。凭着女人的直觉，她知道丈夫有外遇了。后来，佩佳的猜测得到了丈夫的证实，经过一番痛苦的思想斗争之后，她向刘健提出了离婚。

离婚之后，佩佳用以前攒的钱和平时刘健给他的钱用来创业，做了一个著名内衣品牌的区域代理人。虽然她没有什么独特的能力，但是她勤奋努力，每天奔波于各家商场，了解市场，分析客户，费尽口舌推销产品。功夫不负有心人，经过半年的努力，佩佳的第一批货终于被商场接受了，而且卖得很不错。

在初步熟悉服装行业后，佩佳开始不满足只在当地销售这个品牌的内衣，她决心走出去，把产品推向更广阔的市场。她的计划成功了，产品在外地卖得也很火。这个时候，刘健对佩佳刮目相看，他之前以为佩佳离不开他，但现在不得不改变看法。他开始后悔失去了佩佳，于是想办法让佩佳回到身边，并经常打电话嘘寒问暖，还多次约她一起吃饭。考虑到他们的孩子，佩佳答应和刘健重归于好。

佩佳的故事告诉我们，一个女人只有拥有工作、拥有事业，才会令男人刮目相看，才有真正的魅力。也许你不能像佩佳那样拥有一份属于自己的事业，但是你一定要有一份职业；也许你的工作比较辛苦，一个月只挣千八百块钱，而你丈夫很有钱，他劝你别上班，说你上班是找罪受，可你千万不要和他一样想，因为对女人来说，拥有一份独立的工作是必不可少的。

女人有了工作，每天有事可做，生活才会变得充实；女人有了工作，每天朝九晚五，可以和公司里的同事以及外界打交道，生活才会变得丰富多彩；女人有了工作，每天要出门，适当的着装打扮是必须的，这样女人才会变得迷人；女人有了工作，每个月都能领回自己的劳动所得，用这笔钱，女人可以给自己买化妆品，可以给丈夫买些礼物，还可以补贴家用，这样女人会活得有价值感和成就感。

在如今这个时代，女人不能再像旧社会那样，在男人的保护下生存，不能太过依赖男人，把一切生活来源都寄托在男人身上。女人应该骄傲而快乐地去享受工作，以强者的姿态和男人共担责任，共担风雨。这样女人才会更加美丽，更加迷人。

颜云大学毕业后，在一家网络公司负责网页设计、组织网站建设，还在网上做销售，业绩也比较好。结婚之后，她继续上班。

颜云的父亲经营乐器产品，在网络销售如火如荼的电子商务时代，他多次提醒颜云帮他建一个网站，通过网络销售乐器。在父亲的引导下，颜云萌发了创业的冲动，她给父亲的乐器产品建了一个网站，以乐器销售为主要业务。

一段时间后，网络销售的效益相当不错，于是颜云干脆辞去了原来的工作，告别了给别人打工的日子，全身心地和父亲经营乐器产品。没想到，他们的生意越做越火，后来颜云把丈夫也“拉下水”，成立了一个家庭公司。仅仅用了两年时间，他们就赚了近百万，顺利地在当地买了房子。之后，他们的干劲更足了，不但生意红红火火，而且两口子的感情越来越好，羡煞了很多亲戚朋友。

无论你是富是贫，都应该有一份工作，有一份自己的事业。这不仅仅是一项谋生的手段，也是生活不可缺少的一种追求，还是实现自我价值的一个重要途径。所以，女人一定要把握自己未来的方向，把自己的人生掌握在手里，千万不要因为家庭生活的琐碎而放弃工作。

工作使女人更美丽了，但也要注意，工作只是生活的一部分，而不是生活的全部。工作的同时，不要忽视了自己的家庭，也不要忽视了自己的身体。如果为了工作忽视了夫妻感情或把自己累趴下了，那就太得不偿失了。只有平衡好工作和家庭，女人才是最聪明的，这样的女人在男人眼里才会散发出迷人的魅力。

NO.5 不要做纯粹的家庭主妇

在这个世界上，有这样一种女人：她们不用上班，不用出去挣钱，只负责家人的衣食起居，每天给家人做饭、洗衣服、打扫卫生、照看孩子。这些女人是孩子的好妈妈，是丈夫的好妻子，还是称职的厨师，是敬业的清洁工。她们有一个非常动听的名字，叫“家庭主妇”，还有一个让很多女人羡慕的称谓——全职太太。

为什么家庭主妇这个“职业”让很多女人羡慕呢？因为做家庭主妇可以免去很多工作上的烦恼，可以不用早晚挤公交，可以不用看上司的脸色，可以在家过轻松安逸的生活。可是，做家庭主妇真的有想象中那么美好吗？

雅静原先是一家网站的编辑，丈夫是一个小有成就的商人。在一次联谊会上，他们经朋友介绍认识，然后成了恋人，不久走进了婚姻的殿堂。那时候周围人都很羡慕雅静，因为她的丈夫高大英俊，事业有成，有房有车，最重要的是，丈夫很爱她，这一点大家都看得出来。每天开车接送雅静，这对雅静来说是最好的温存，最贴心的照顾，最浓的爱意。

一年后，雅静生了一个可爱的女儿。这时丈夫让雅静不要工作了，而是在家里照顾孩子，操持家务，做一个家庭主妇。起初雅静很犹豫，因为她在工作上表现得很出色，继续干下去会有很好的发展前途，但是见丈夫和家人那么诚心劝说，她就辞去了工作。

一帮姐妹们见雅静辞去了工作，都觉得可惜，说她为家庭牺牲太大了。她却说：“你们知道吗？对于一个女人来说，最重要的是家庭和婚姻的幸福，只要他爱我，我牺牲掉工作又有什么关系呢！”于是，雅静从一个出色的职业女性，变成了一个家庭主妇。

起初，雅静很享受不用上班的日子。每天想逛街就逛街，想去哪里就去哪里。但时间长了，她开始觉得这样的生活太乏味。当然，这还不是最让她头疼的，最让她头疼的是家庭关系。因为公公婆婆和她一起生活，一起照顾小孩，人手太多，加之教育观念差别较大，经常为小孩的事情发生争执，次数多了，他们的亲情也慢慢淡了。

晚上丈夫回来后，雅静就向丈夫诉苦。丈夫也是两头为难，因为说谁也不好，因此，他干脆不管。雅静说多了，就成了唠叨，丈夫觉得心烦，干脆懒得理她。渐渐地，雅静发现丈夫不再像过去那样在乎她了。雅静的这种感觉在之后发生的一件事情中得到了证实。

有一次，雅静生病在床，没有及时做好晚饭。丈夫回家后，见家里冷锅冷灶，顿时大发脾气，冲着雅静吼道：“你整天在家干什么？晚饭都不做了，不就是感冒了吗？至于卧床不起吗？”这些话像一根根针刺在心里，她把头蒙在被窝里默默流泪。

从此以后，雅静开始和丈夫“打冷战”，不再热情地伺候丈夫，而他的丈夫似乎也不在乎这些。这让雅静更加怀疑了，她想，丈夫居然对自己的冷漠不在意，难道他在外面有女人了？于是，她开始怀疑丈夫。丈夫回家后，她会闻一闻他身上有没有香水味，趁丈夫洗澡的时候，她偷偷翻看丈夫的手机。尽管她没有抓到丈夫出轨的证据，但她还是不放心。后来，丈夫发现雅静怀疑她，经常偷偷翻看她的手机，一怒之下要和她离婚。

这一下，雅静马上肯定地说：“你巴不得和我离婚吧，你外面有女人了是吧？我偏不和你离婚，我让你不能得逞……”雅静的话不但没有留住丈夫，反而把丈夫推出了家门，从此，丈夫经常夜不归宿，再后来，他真的有外遇了。

雅静的生活是值得羡慕的，她的遭遇也是值得同情的。因为在看似美好的家庭主妇的生活背后，隐藏着很多无法言说的家庭琐碎和矛盾纠葛。事实上，冷静地想一想，那些小事根本不足挂齿，但是由于雅静和丈夫以及公公婆婆没有处理好，导致问题不断恶化，最后影响了家人的感情，把一个幸福美满的家庭推向了分崩离析的边缘。

假如雅静不做家庭主妇，或许一切不是这样子。因为她每天要上下班，孩子更多的要靠公公婆婆照顾，洗衣做饭等家务活，她和公公婆婆分担，这样她的生活会变得紧凑而充实，而且她在工作中，有自己的人际交往和社交活动，生活会丰富很多，这样就不太可能闲着没事胡乱猜忌丈夫。所以，女人们，千万不要放弃工作，做一个纯粹的家庭主妇，否则，你将可能面临雅静一样的遭遇。

幻想成为家庭主妇，是幼稚女孩的天真想法。作为一个成熟的女人，应该了解做家庭主妇对女人而言，有哪些弊端？下面就来具体分析一下：

（1）生活枯燥

女人做了家庭主妇之后，生活会变得平淡如水，乐趣大减。原本婚姻生活就非常平淡，做家庭主妇简直可以用“枯燥无比”来形容了。因为家庭主妇与外界接触较少，早晚都要在家做饭，如果女人在外参与社交活动，耽误了做饭，会让丈夫难以接受。家庭主妇每天面对柴米油盐，和孩子一起生活，如果孩子长大上学了，那么这种生活很容易导致女人产生心理缺陷。

（2）失去自我

女人没了工作，整天围着柴米油盐打转，围着老公和孩子打转，期盼用好的表现打动丈夫，以得到丈夫更多的“奖赏”——从丈夫那儿得到更多的零花钱。当丈夫偶尔晚回家或不回家时，女人难免会胡思乱想。如此一来，女人的心就会被男人的一举一动和一言一语牵动，女人就失去了自我。

从另一方面来说，家庭主妇一般没有自己的兴趣爱好，没有自己的追求。这样的女人是没有内涵、没有个性的，是平淡无奇的，就像某件没有品牌的商品一样，很容易被别的品牌取代。

（3）价值感缺失

很多女人都有自己的理想和目标，都想通过自己的努力来实现自己的价值，证明自己的能力。而如果女人结婚之后，放弃了工作，成为家庭主妇，女人就失去了实现自我价值的机会。这样一来，女人的价值就很难体现出来。因为洗衣做饭很难体现一个女人的价值，这会让家庭主妇觉得自己是个没有价值的人，会觉得自己活得太卑微。

（4）失去宠爱

家庭主妇做的事情有点像保姆，除了责任心更强之外，几乎没什么技术含量。每天和繁杂的家务打交道，和顽皮的孩子打交道，女人难免会变得婆婆妈妈，内心有些烦恼难免会向男人倾诉或抱怨。长此以往，男人很容易产生反感，而女人就很可能失去男人的宠爱。

NO.6 从镜子中寻找最美的自己

爱美之心，人皆有之，特别是女人。可是造化弄人，很多女人的脸型并不完美，有些女人的脸型偏长，有些女人的脸型偏瘦，有些女人的脸型偏胖等等，这往往会使女人的自信心打折扣。其实，女人们，你完全不用沮丧，因为只要你有一款镜子，你就可以发现最美的自己。心理学研究表明，如果一个人长期对着镜子给自己积极的暗示，那么他的自信心会大大增强，而自信会让女人变得更美、更动人。

很多人认为照镜子是自恋的表现，其实不能武断地下此定论。准确地说，照镜子是一种自我端正、自我审视的态度，可以提高自己的自信。一个敢于照镜子的女人是敢于面对自己的女人，在照镜子的过程中，随时可以观察自己的表情，可以审视自己的妆容，可以对自己微笑，可以对自己进行暗示。所以，从今天起，你一定要记得照镜子，然后给自己说一句“加油，我是最棒的”。

刘红是一家报社的记者，几年以前，她到一位企业家的家里作客。该企业家拥有多家公司，当时他邀请了多家银行家和商业巨头，客人到齐之后，企业家给每个人斟满了一杯酒，然后提议大家干杯。或许是太激动了，企业家居然一口喝掉了一杯白酒，结果刚要开饭时，他就有些醉意了。只见他摇摇晃晃地走到梳妆台，然后停住了。

考虑到也许能帮助他，刘红就走了过去，当她走近企业家时，只见他站在那儿，两手扶着梳妆台，凝视着镜子中的自己，一开始他只是嘴里“咕噜”着，随后他的话变得有条理了。只听见他说：“老赵，你这个老家伙，今天是你邀请大家来聚餐，你是主人，你必须保持清醒。”他不断重复这些话，整个过程大概有3分钟，3分钟之后，他走了出来，醉意明显消退了。

刘红明白了，企业家是通过照镜子督促自己、警告自己、激励自己。这种强烈的自我暗示可以很好地纠正自己的不良表现，可以让自己变得更加沉稳自信。从那以后，刘红每次采访重要客户之前，都会站在镜子前面审视自己3分钟，给自己加油打气。有时候加上化妆、整理头发的时间，那就远远不止3分钟了，而是30分钟。通过这种方式，她发现可以大大增强自己的自信心。

照镜子是提高自信心的好办法。一位心理学家将这种照镜子的技巧传授给成千上万人，收效甚大，他说每次遇到悲观的求助者时，做的第一件事就是让他们站在镜子面前，自信地看自己。有些哭哭啼啼的女性照了镜子后，很快就停止了哭声。为什么会停止哭泣呢？因为一个女人在镜子面前看着自己时，她会找到自尊，会为自己的哭泣感到羞愧。所以，他们会变得坚强起来。

全世界很多了不起的演说家、政治家、推销员都曾运用镜子增强自信。比如，温斯顿·邱吉尔在每次演讲之前，都会在镜子前面正视自己。日本推销大师原一平每次拜访客户之前，也会照镜子，他说在镜子中可以看见自己的表情与姿势。通过正视镜子，你可以极大地振奋精神，由此产生力量，加上言辞上的自我暗示，你会变得更加自信。

人们常说：“眼睛是心灵的窗户。”当你站在镜子面前时，你的眼神可以真切地把你的信念的强度表露出来。所以，你要训练你的眼神，使之充满信心，而镜子就是你最好的帮手。

如果你要扮演什么角色，那么没有什么比对着镜子扮演更加有效果。因为在镜子面前，你的表演是矫揉造作，还是客观真实，一眼就可以看出来。

如果你被邀请去做演讲，那么你务必对着镜子做一番练习，你可以用拳头击打另一只手的手掌，或用自然洒脱的手势表达配合演讲，使你的演讲更加振奋人心，更容易感染听众。

如果你准备去拜访一位顽固者，或者对方让你感到紧张，那么请在出发之前，站在镜子面前反复给自己打气。这么做听起来有些可笑，但是你不要小看这种做法，它的确可以让自信渗入到你的潜意识中去，让你变得更加镇定自若。

一般来说，在运用镜子寻找最美的自己的过程中，你可以参照如下的做法：首先，站在镜子前，观察自己的上半身。你最好笔直站立，后跟靠拢，抬头、挺胸、收腹，连续进行三四次深呼吸，直到你的心情平静下来。然后你凝视眼睛深处，告诉自己会得到某个想要的东西，并大声把这个东西喊出来，每天至少早晚各进行一次练习。其次，对着镜子向自己微笑。你要记住，没有人会拒绝一个微笑的女人，不管你是否漂亮，微笑都是你与人交往的最好名片。你要告诉自己，只要微笑足够迷人，你的魅力就会大大提升。最后，在镜子面前摆一个自信的的姿势。比如，给自己伸一个大拇指，右手握拳，或用手掌拍打自己的胸腔等等。

总之，这些方式都有利于你从镜子中找回自信。

NO.7 内心强大的女人要有一颗积极的心

拿破仑·希尔说过：“成功人士的首要标志在于他的心态。一个人如果心态积极，乐观地面对人生，乐观地接受挑战和应付麻烦事，那他就成功了一半。”如果你想成为内心强大的女人，你就应该以积极的心态对待所做的事，尽职尽责地完成它，即使困难重重，屡遭失败，也不轻易消极沮丧。只有这样，你在整个过程中才会充满活力和创造性，才有希望把事情做到最圆满。

积极的心能使女人从心志柔弱变为意志坚强，从消极沮丧变为乐观进取，从优柔寡断变为干练果敢。比如，有位来自农村的普通女青年，在高考落榜之后，她不甘消沉，勤奋苦学，后来她来到一家报社毛遂自荐，提出：“给我两个月的时间证明自己，在这段时间里，我不需要工资。”报社被她的诚心打动了，决定让她一试，结果她的能力得到了很好的证明，她得到了一份有保障的工作。几年之后，她成了一位颇有名气的记者。

心态积极的女人，在面对任何困难时，都会主动去尝试、去争取，哪怕成功的可能性微乎其微，她们也不会消极悲观、轻易放弃。这样的女人内心强大，在男人眼中会充满魅力。反之，如果凡事一味指责和抱怨，并一味逃避困难，那么女人不但会失去应有的可爱，还会让自己陷入痛苦的煎熬。

美国成功学大师拿破仑·希尔曾讲过这样一个故事：

塞尔玛是一个军人的妻子，有一次，她陪丈夫驻扎在沙漠的一个陆军基地里。丈夫白天忙着演习，根本没有时间陪伴她。所以，她经常一个人待在陆军的小铁皮房子里。当地天气很热，就算在仙人掌的阴影下也有华氏125度。塞尔玛和当地的土著居民没法交流，因为他们不懂英语，这让她觉得难过，每天她都生活在苦闷中，简直不知道干什么。于是，她给父亲写信，说想回家。

不久之后，塞尔玛接到了父亲的回信，信里的内容只有一句话：两个人从牢房的铁窗望出去：一个看到了泥土，另一个却看到了星星。塞尔玛明白了父亲的意思，从此决定改变自己的心态。从那以后，她开始积极和当地人交朋友，她还对他们的纺织、陶器产生了浓厚的兴趣。他们非常热情友好，将纺织品和陶器赠送给塞尔玛。

后来，塞尔玛又研究那些仙人掌和各种沙漠植物，还学习了有关土拨鼠的知识。她不但每天观看沙漠的日落，还寻找几万年的沙漠或海洋留下的海螺壳。渐渐地，她发现原来难以忍受的环境变得让她兴奋，让她留恋——她爱上了沙漠中的生活。后来，塞尔玛写了一本书叫《快乐城堡》——她真的从铁笼里看到了星星。

沙漠还是原来的沙漠，土著居民还是土著居民，那么到底是什么让塞尔玛的心态发生了180度的转弯呢？其实，这不过是塞尔玛的心态改变了，仅仅一念之差，她就发现原来令自己厌恶的环境变得使自己兴奋不已。

事物都是有两面性的，问题在于你怎么去看待它们。如果你怀着积极的心态去看待事物，那么即使身陷困境你也能看到希望，从而保持旺盛的斗志；如果你怀着消极的心态去对待，那么即使你身在顺境你也会充满沮丧，你会觉得生活处处充满不如意，你的潜能就会被扼杀，你的信心就会被磨灭。有这样一个故事：

非洲天气炎热，当地居民向来习惯打赤脚。有两个欧洲推销员到非洲去推销皮鞋，第一个人看到非洲人都打赤脚，立即失望起来，心想：这些人根本不穿鞋，怎么会买我的鞋呢？算了吧，我还是回去吧！于是他放弃了推销，沮丧而归。另一个推销员看到非洲人都打赤脚，立即惊喜万分，心想：这些人都没有鞋子穿，这里的皮鞋市场非常大！于是，他宣传穿鞋子对健康的好处，很好地引导了非洲人去购买皮鞋，最后发了一笔大财。

同样是推销鞋子，同样是面对打赤脚的非洲人，但两个推销员的心态不同，一个消极，一个积极，结果造成了截然不同的结果。由此可见，积极的心态可以创造财富，创造成功的人生，而消极的人生则会使人错失机会，白白消耗自己的人生。

积极的心态是女人生命中的阳光和雨露，是女人成功的起点；消极的心态是女人生命中挥之不去的阴影，是女人失败的杀手。如果你选择了积极的心态，那么就意味着你选择了充满希望的生活；如果你选择了消极的心态，那么就意味着你选择了失意落魄的生活。你希望获得怎样的生活呢？答案在你自己心里。

对于一个渴望内心强大的女人来说，建立一种积极的心态是必须的。因为只有心态积极，女人的事业才有可能成功，生活才会变得幸福，心情才会舒畅自然。你一定要明白，你的成功、健康、幸福、财富等等，都靠你用一颗积极的心去追求。只有当你掌控了自己的心态，让它变得积极起来时，你才能掌控自己的人生。

那么，怎样才能让自己有一颗积极的心呢？来自美国宾州大学的塞利格曼教授告诉我们，一个人要想变得积极起来，就应该记住两点：

第一，困难不会永远存在。很多人之所以消极，是因为他们习惯把短暂的困难看成是永远存在的，这就会使困难带来的消极无限延续下去，使人的心被消极的情绪束缚起来。所以，你要改变这种习惯性的认识，当碰到困难时，要提醒自己：困难是暂时的，我很快就会克服它。

第二，失败只存在于某个方面。那些消极的人之所以消极，是因为他们把某件事的失败归结于自己的无能，从而全面否定自己，认为自己做什么都不会成功。这种把失败无限扩大的做法，会使人永远被失败的阴影笼罩而看不到光明。所以，女人一定要记住：你的失败只是某个方面的失败，你做这件事不成，可以做那件事，只要你做自己擅长的事情并找到正确的方法，你就会成功。

第八章

Chapter 8

傻瓜，最重要的还是经济独立和主动权

你想成为独立的女人，还是想成为男人的附庸，成为家庭的“寄生虫”，凡事依赖男人呢？无论你的答案是哪一种，我们都要告诉你：如果你想活得快乐和洒脱，活得自在和逍遥，你就应该努力使自己独立起来。因为只有独立的女人才能掌控自己的命运和生活，才能按照自己的意愿去生活，才能活出自己的美丽。怎样才能独立起来呢？很重要的一点是在经济方面独立起来，让自己在金钱上拥有主动权。

BEING A WOMAN SHOULD NOT BE
TOO HONEST

NO.1 醒醒吧，别总幻想嫁个有钱人

2012年，《嫁个有钱人》在全国公开上映，当红明星郑秀文和任贤齐为大家演绎了一部充满浪漫和喜剧色彩的爱情故事。这让幻想嫁给有钱人的女人们内心再次骚动起来，使她们对梦想嫁给有钱男人的愿望变得更加笃定。

为什么要嫁给有钱男人呢？这个问题傻子都知道，哪个女人不想睡觉睡到自然醒，数钱数到手抽筋？哪个女人不希望衣橱里挂满名贵貂皮、真丝、天鹅绒的各种晚礼服？哪个女人不希望用着高档化妆品、香水，把自己打扮得多姿多彩？哪个女人不希望隔三差五逛珠宝店，想买什么就买什么？哪个女人不希望坐上飞机的头等舱，今天去巴黎或纽约，明天去爱琴海？

可是，尽管电影里上演了一个现代版灰姑娘的爱情故事，既搞笑又感人，既浪漫又现实，但《嫁个有钱人》不过是一部现代的爱情童话罢了。因为只要照一照“镜子”看看自己，你就知道自己有几分姿色几分容貌，有几分内涵几分修养，你就明白了一个问题：有钱男人凭什么娶我？就算你有几分姿色和品位，你就能嫁给有钱男人吗？

一位对自己外貌、谈吐和品味都非常自信的漂亮女孩想嫁给有钱的男人，并在网上打广告，给出的硬性标准是：年薪必须超过50万美元。然而，她这种做法并没有招来有钱男人的关注，倒是招来一位华尔街投资专家的有趣回应。这位投资专家毫不客气地回击了这个女人，他分析道：

“首先，你希望用‘貌’换取男人的‘财’，这是一种赤裸裸的交易。可是，男人不会傻到和你做交易，因为你的容貌逐年递减，而他们的钱财不会平白无故地减少。相反，如果理财方法得当，还可以保证钱财逐年递增。”

“其次，对于一件会加快速贬值的物品，男人所做的明智选择是租赁，而不是购买。因此，有钱男人和你这样的美女交往，只是想和你玩玩，而不会和你结婚。”

最后，这位投资专家建议这个女人：“与其抱着嫁给有钱男人的想法混日子，不如想办法把自己变成年薪超过50万美元的女人，这样你嫁给有钱男人的几率更大。”

一味地幻想嫁给有钱男人是不切实际的，倒不如从这个幻想中清醒过来，努力提升自己，让自己变得富有内涵，富有美丽的姿态，让自己变得更有钱，这样或许你更有希望嫁给有钱男人。这就叫“有心栽花花不开，无心插柳柳成荫”。与其把现实的双眼紧盯在有钱男人身上，不如把精力用在提升自己上，这样你对有钱的男人会更有吸引力。

如果有一天你踩了狗屎运，被有钱男人追求或娶回家，你千万别高兴得太早。因为有钱的男人不一定舍得为你花钱，难道你愿意低三下四地乞求他施舍钱财给你吗？醒醒吧，与其总幻想嫁个有钱人，不如把自己变成有钱人。所以，女人应该培养自己挣钱的能力，学会挣钱，学会理财，做一个刷自己卡的独立女人。

就算你嫁给了有钱的男人，你也不确定他是否真心爱你。如果他把你娶回家之后，没过几天就对你冷漠起来，隔三差五地就去外面偷腥，甚至堂而皇之地带着比你更漂亮的女人回来过夜，你的心里感受如何呢？你真的心甘情愿地坐在宝马车里哭吗？

对女人而言，如果得不到真爱，又有什么意义？因为生活不是为了金钱而活着，而是为了爱而活着。所以，不要继续做梦了，该醒醒了，去找那个真心爱你的男人吧，也许他称不上富有，但是他能带给你快乐和幸福，这就是最值得你去珍惜的财富。

你可以嫁给经济适用男，他不吸烟、不喝酒、不赌博、没有红颜知己，他的钱不多，但是够用，他有空就陪你，给你关心和呵护。青春励志电视剧《我的青春谁做主》中的“高齐”就是这种男人的典型代表。

你还可以嫁给灰太狼型的男人，他对老婆忠贞不二，爱老婆胜过自己，勤勤快快持家，一技在手，生活无忧，每个月都会把工资上交给你，动画片《喜羊羊与灰太狼》中的“灰太狼”就是这类男人的典型代表。

你还可以嫁给“顺溜男”，他出身草根，貌似憨傻，充满幽默感，能让你每天沉浸在乐趣中，他有超强的战斗力，有希望在短短的几年中，成长为行业的精英。电视剧《我的兄弟叫顺溜》中的顺溜就是这类男人的典型代表。

你还可以嫁给“三低男”，他低姿态，低风险，低束缚——不大男子主义，不对你呼来唤去；有正当的工作，为人踏实，安定地生活；不约束你，给你自由的空间，积极做家务，真心呵护你。

总而言之，要嫁人一定要嫁爱你的男人，而不是把对方是否有钱作为嫁人的取舍标准。

NO.2 经济独立会让你更有魅力

不少女人认为花男人的钱、被男人养着是天经地义的。因此，在恋爱中，她们把所有买单的机会留给男人，结婚后，“勇”于退居二线，心甘情愿做家庭主妇，在家操持家务，照顾丈夫、孩子和父母，而不用每天上班。在很多女人看来，这是生活的最理想模式。然而，女人在这样的生活模式下并不能活得自在安心，并不能获得真正的幸福，因为女人的经济不独立。

雯雯大学毕业后，她和相恋四年的男朋友结婚了。结婚后不久，雯雯就怀孕了。于是她和丈夫商量了一下，辞去了工作，在家坐月子。孩子出生之后，她在家带孩子，彻底与职场说拜拜了。

起初丈夫总是对她说："你就在家带孩子，洗衣做饭，赚钱养家的担子让我一个人来挑。"因此，她更加心安理得地做家庭主妇了。可是，渐渐地，雯雯发现了一个问题：每次和闺蜜逛街之前，她都不得不找丈夫要钱。

开始几次，丈夫都会爽快地给她，而且出手大方，一给就是七八百甚至上千，可是后来，她发现丈夫给她钱时，没有以前那么乐意了，有时候还会嘟囔几句："怎么又要钱，上次给你的钱这么快就花完了？"

也许丈夫就这么问一句，但雯雯却觉得自己很没尊严。看着闺蜜们自己赚钱，想买衣服就买，而自己好像是个寄生虫，她越来越觉得自己没有价值感。后来，婆婆的一句话彻底让她失去了自尊，促使她坚决出去工作。

那次，雯雯从超市买菜回来，刚走到楼下，就听到婆婆和隔壁的邻居在楼道里聊天，婆婆说："哎，我儿子压力大啊，养孩子不说，还养老婆，她每次就知道伸手要钱，而且我儿子给少了，她还不高兴。她本来可以工作的，孩子由我来带，可是她呢，每天待在家里洗衣做饭，我和儿子也不好说她……"

婆婆的这番话就像一只臭鞋子抽打在雯雯的脸上，让她顿时无地自容，也顿时醒悟过来。那一晚，她和丈夫靠在床头上，认真地商量出去工作的事情，丈夫同意她去工作。

从那以后，雯雯回到了告别多年的职场。她发现工作之后，生活变得丰富多彩起来，她有了自己的人际关系，有了自己要做的事情，而且每个月领到工资后，她觉得自己心里特别美。这笔钱不但可以补贴家用，而且平时买衣服和化妆品时，再也不用伸手向丈夫要钱了。在家里，她的腰板挺直了，婆婆对她态度比以前也更好了，一家人的生活越来越好。

俗话说："谈钱伤感情。"亲兄弟谈钱伤感情，夫妻之间谈钱一样会伤感情，尤其是当女人不上班，无法经济独立，花钱要向丈夫伸手时，在这种情况下，男人会觉得很有压力。一个经济不能独立的女人，在丈夫眼中是没有地位的，也是没有吸引力的。时间久了，男人可能会不自觉地疏远女人，对夫妻感情会产生不利的影响。

上文中的雯雯结婚后，没有对经济独立产生觉悟，依然散漫地生活，心安理得地依靠丈夫。幸亏她无意间听到婆婆的那番话，及时醒悟过来，不然发展下去，有可能导致夫妻感情产生矛盾，影响家人之间的和谐。这也提醒女人们，为了维护家庭的稳定，女人必须保持经济独立。如果经济无法独立，至少也要有一份工作，这样才能更好地赢得丈夫的尊重。

或许有些女人会说："我丈夫说了，我可以不用工作，他有能力养着我……我干嘛去工作啊！"对此，女人一定要明白：男人说那样的话是体谅你，不希望你太辛苦，但其内心还是希望你更独立一点，有一份工作，不说为养家糊口分担压力，更多的是让你自给自足。其实，这也是为他分担压力。当然，你的工资若不够自己花，这个时候再向男人伸手，在这种情况下，男人是容易接受的，因为毕竟你在努力地工作着。

退一万步说，即使你的丈夫富有，根本不需要你工作赚钱，但是当你要花钱时，你就会很被动，你就要看他的脸色，这样的生活你会幸福吗？一个经济不独立的女人，生活是凄惨的。所以，如果你希望丈夫一辈子爱你，就不要把自己当成花瓶，当成摆设，当成丈夫闲暇时欣赏的器物，而要让他打心眼里尊重你、珍惜你、钦佩你、欣赏你，这样你才是他眼中最具魅力的女人。

有一位明星在接受媒体采访的时候，曾说过这样一段话："我从20岁开始就自己赚钱了，我从来不需要用男人的钱，我都是花自己的钱。""不花男人一分钱"，这是新时代女人在经济上的独立宣言，也是女人精神独立的一种表现。

经济独立的女人才能真正自立，在家里才会更有地位，而不是一个被老公、婆婆轻易使唤的保姆；经济独立的女人才能活出真实的自我，才不必担心自己的生活，也不用靠男人来养活，更不用看男人的脸色，而是根据自己的意愿来生活。这一点对女人而言是非常重要的，因为遇到一个脾气好、会疼女人的男人，女人倒也能生活得幸福，但如果遇到了一个小心眼的男人，而女人经济又不独立，那么女人就会生活得非常被动和压抑了。

当然，女人要做到经济独立并不是说要取得巨大的成功，或赚到足够多的钱，关键是要去工作。也许你只是个平凡的小职员，每个月只能赚两千块钱，但只要你用实际行动在证明自己的价值，你就是值得称赞的，你就是男人所期盼的独立女人。

NO.3 先把自己的退休生活搞定，你的人生就有大自由

养儿防老，这种养老方式在中国流传了几千年。可是，怎样才能有儿女呢？当然是结婚。换言之，如果女人没有婚姻的保障，晚

年堪忧。然而在当今社会，其实结婚与不结婚，女人都应该做好退休规划，未雨绸缪，从现在开始为养老做好准备。

也许你会说："我才20多岁，现在就做养老规划，也太杞人忧天了吧！"为什么要这么做呢？因为结婚、生子并不能打包票有人陪你到老，做一个坏的假设：假如儿女不孝或儿女没能力供养自己，假如你的丈夫先你多年而去，你的晚年生活怎么度过呢？再说了，你现在做好养老规划，当你退休之后，你就会给子女减轻很多负担，你的生活就会有更多的保障，这样你就会生活得更加从容淡定。

27岁的黄女士有一个美满幸福的家庭，女儿4岁，活泼可爱，丈夫是一家世界500强公司的IT软件设计师，她自己则任职于国内一家上市金融公司，担任财务会计一职。夫妻二人每年净收入为20万元，目前已有存款50万元，股市还有10万元。

与很多家庭相比，这些存款足以让他们充满安全感地生活，但是近年来，在单位的体检中，黄女士的不少同事查出了妇科疾病，有些甚至是恶性肿瘤。虽然她没有这些疾病，但她还是有些担忧。

考虑到自己只有一个女儿，从长远来看，为了减轻女儿的赡养负担，黄女士和丈夫商量一下，购买了一款专门针对女性重大疾病的保险产品，为自己的幸福生活增加一分保障，增加一份安心。

生活就像驾船在茫茫的大海上航行，谁也说不准前方会有什么，也许暗礁就在不远处。因此，女人应时刻保持危机感，做到未雨绸缪。因为如果准备不足，一旦风险降临了，原本美好的生活也会突然变得支离破碎。所以，要想你的人生有大自由，你不仅要在保险保障方面进行适当投入，还应该在未来养老方面做好规划。

女人们，不要总是认为结婚才能给自己保障，不要总是认为男人才能给自己保障，也不要认为只有子女才能给自己退休生活提供保障。要永远记住一句话"求人不如求己"，与其把对生活的美好期盼寄托在别人身上，不如从现在开始，用实际行动规划退休以后的生活。尤其在目前这个社会，单身族数量不断上升，独身主义者也不少见，做好退休生活的规划真的非常有必要。

2005 年，大学毕业后，尹女士进入某房地产公司工作。三年后，她成了该公司的销售部经理。目前月收入 1 万元左右，租住在一居室的房子内，每月租金 1300 元，公司给她的保障是三险一金。在工作方面，尹女士可谓顺风顺水，但在情感方面，她却屡屡受挫，在经历几段无果的感情后，她开始信奉独身主义。

原本尹女士是个大手大脚花钱的女人，但自从决定独身之后，她开始对退休后的养老生活有所顾虑。她认为现在如果不做好规划，等到老去时，可能真的无依无靠，没有保障了。于是，她改正了以前大手大脚花钱的坏习惯，开始了解投资方面的信息。

后来，尹女士陆续购买了五只基金，全都是股票型基金，投资总额为 10 万元，收益还不错。除去这些投资，她手里的流动性资产并不多。由于老家还有 60 岁的母亲，她没有工作，也没有购买任何保险，因此，尹女士给父母预留一笔养老钱，每个月给母亲寄回去 1500 元。除去这些开销，剩下的钱基本上被她存起来了。

到了 2012 年，尹女士利用攒下的钱和基金所赚的钱，在老家购买了一套房子和一家店铺，她觉得有房子心里才有安定感，有个店铺，以后可以回家做生意，这样退休生活就有着落了。

美好的未来就在眼前，关键要看你如何聪明地存钱，聪明地投资，更充实地生活，最终达到自己的退休目标。无论你的收入有多少，你都可以从以下三个方面来进行退休后的生活规划。

（1）更聪明地存钱

无论你会不会赚钱，你都必须养成存钱的习惯。关于这一点，说起来容易做起来难。很多女人赚 3000 元，恨不得花 4000 元，她们把钱花在服装、化妆品、包包、鞋子上，花在旅游度假上，却没有为未来的生活做准备。这是很不明智的。明智的做法是，每个月最好固定存下一笔钱，这样长期积累下去，就是一笔可观的财富了。

（2）更聪明地投资

什么样的投资才是聪明的呢？有些女人把钱投资在车子上，可是从买下车子的那天起，车子就在不停地贬值；有些女人把钱投资在自己的着装打扮上，想将自己美丽的容颜保持下去，可是容颜已逝，这是挡不住的；还有女人把钱投资在旅游上，可是旅游一圈之后，钱就没了……在这些方面的投资如果过分了，就显得不明智了。明智的投资是投资房产，投资自己的学识，不断提高自己的才能，使自己赚更多的财富；投资在自己的健康上，让自己保持健康的身心，更好地享受生活。

（3）更聪明地生活

很多人都期待退休之后惬意地生活，可是退休生活真能惬意吗？这取决于现在，如果你现在生活就不快乐，你把快乐寄托在未来又有什么意义呢？女人，你应该活在今天，珍惜今天的生活，不断地去发现生活中的快乐，让你的每一天都快乐，而不要为了规划退休后的生活，而让自己忍受捉襟见肘的当下生活。

NO.4 聪明女人会理财：把自己手中的钱变成三份

在离婚率步步高升的当今社会，你还在幻想把婚姻当成一张长期饭票吗？当婚姻破碎时，金钱纠纷带来的伤害往往会给在经济上处于弱势的女人造成致命的打击。即使你还没有结婚，即使你今后的婚姻非常幸福，你也很可能会单独面对生活。因为有资料表明，女性的平均寿命比男性长 7 年。还有资料表明，50% 的 65 岁以上的妇女，比她们丈夫多活 15 年。如果你有幸比丈夫多活 15 年，你该怎样度过这段日子呢？

而在职场上，相对于男性的收入，女性待遇普遍较低。据统计，男性每挣 100 元时，女性只挣 72 元。再者，女人结婚之后，往往会在家庭方面尽到更多的责任，比如，照顾孩子和老人，这就使得她们的收入更加没有保障。

在这种情况下，女人千万不要抱着“船到桥头自然直”的心态去生活，更不能逃避现实，而要尽早学会理财，这既是为了让家庭生活更加幸福，也是为了让自己将来更独立地面对一个人的生活。

理财是一个宽泛的概念，对于一个结婚的女人来说，理财包括柴米油盐，也包括孩子的教育费用，还包括父母的养老费用，更包括婚丧嫁娶，以及家庭的重大投资和家庭的安全保障等等。如何让有限的钱发挥最大的效用呢？这是女人理财的核心目标。

俗话说：“男人是搂钱的耙子，女人是装钱的匣子。不怕耙子没齿儿，就怕匣子没底儿。”女人在理财方面的能力关系到家庭生活是否能够正常运转。如果女人在理财方面是一把好手，能把家庭日常生活安排得妥妥贴贴，把钱花在该花的地方，兼顾金钱与家庭关系的和谐，照顾到每个家庭成员，那么家才会变成真正的快乐港湾。当然，即使你还没有结婚，你也应该培养自己的理财能力，为经营持家做准备。

也许有人会说：“我没有钱，根本不需要理财。”这是一个很错误的观点，因为理财不是从有钱的时候开始的，而是在没有钱的时候就要养成良好的理财习惯，这样才能让你慢慢变得有钱。俗话说：“你不理财，财不理你。”就是这个道理，因此，千万不要把这个逻辑顺序颠倒了。

举个很简单的例子，如果你每月赚1000元钱，每个月拿出100元做基金定投，一个月投100元，从20岁一定投到60岁，在这40年里，你猜猜这笔钱最终会变成多少钱？答案是623062元。如果你从30岁开始做这样的投资，到了60岁时，这笔钱会变成22万元；如果你从40岁才开始做这样的投资，那么这笔钱只会变成7万元；如果你从50岁开始做这样的投资，到了60岁，你只能得到2万。由此可见，投资属于长跑运动，越到后面劲越足。所以，投资要从年轻时候开始，要从现在开始。

说到投资，你不妨把家里的钱分成三份，进行分散性投资。这三份分别是：应急钱，保命钱，闲钱。应急钱是指为了应付你突然失去工作，父母生病，家里发生了意外事件，这笔钱只能放在银行里做活期存款，或进行短期的定期储蓄，这笔钱至少应保证你家庭三个月到半年的生活开支；保命钱是指能够保证家庭生活一到两年的生活费，这笔钱可以用于购买国债，或购买储蓄型保险、债券型基金、保本型基金；闲钱是指放三到五年不用的钱，这笔钱可以用于购买股票、股票型基金、混合型基金等等。

刘先生与童女士裸婚了，刘先生每月工资8000元，童女士每月3000元，婚后住在刘先生父母的老房子里。婚后不久，他们的孩子出生了，孩子每月开销1500元，家里日常开销支出每月1500元。因6年后，孩子要上学，需要一笔费用，而且他们5年后还打算买一套房子，首付大概20万元。目前他们手里只有2万存款，针对他们现有的资产情况，根据上面所说的将所有钱分成三份，我们分析如下：

（1）目前存款为2万元，还有每个月结余8000+3000-1500-1500=8000元。

（2）他们想要的：5年后有一笔孩子的教育费，5年后需要攒20万用于房子首付。

针对他们的需要，我们可以制定一个理财方案：

（1）把2万元存款用于购买债券、债券基金、保本型基金等，以战胜通货膨胀。同时，每个月强制存储2000元，以备不时之需。

（2）把每个月结余的6000元用来做基金定投，以指数型基金为最佳，如果每年能取得10%的收益，那么5年后将变成50多万。这笔钱可以用于购房和孩子的教育费用。

在理财方面，把所有的金钱分成三份是一种笼统的理财观念。具体到女性不同的年龄阶段，也有不同的理财方法。

在20岁左右时，女人刚进入职场，这个时候，应该养成良好的花钱习惯，有计划地定期存储，这是理财的重点。因为资历尚浅，而且收入不多，但精力充沛，因此，应将收入中的一部分存入银行，还可以选择信誉好、收益稳定的优质基金。

在26～30岁这个阶段，很多女性开始步入恋爱期，正在为爱筑巢，随着家庭收入及成员的增加，女人应该规划生活。在消费习惯上有一个很大的变化，女人应该坚决摒弃月光族的不良生活习惯，投资策略也应由激进变为“攻守兼备”。这个阶段可以选择寿险投资、投资激进型基金。

在30～35岁这个阶段，随着收入的增多，压力也开始变大，女人的身体状况也开始走下坡路。因此，这个时候应该考虑健康医疗方面、子女教育、退休养老等方面的理财投资。比如，可以参加银行的教育储蓄，购买医疗保险等。

……

总而言之，理财投资应该与女人个人或家庭的具体情况相结合，通过删繁就简，选择最简单有效的理财投资方式来保障生活。

NO.5 优雅小女人的“低成本高品质生活”

许多女人都想成为优雅的小女人，既能享受高品质的生活，又能少花钱。可是她们中有相当一部分人并未如愿，反而成了“拜金女”，她们大把大把地花钱，在服装、化妆品、饰品、减肥、健身、旅游、饮食等方面投入很多，而且没有合理的计划，结果“幸运”地成了“月光族”中的一员。

为什么会这样呢？也许她们的骨子里就认为高品质的生活必须有高成本。但事实呢？事实上，追求高品质的生活就像养牡丹。牡丹是一种娇贵的花，并不那么好养，如果你认为它娇贵，所以要倍加呵护，并为此付出很多精力和心血，那么你是养不出好牡丹的。相反，如果你只给它一点阳光，给它一点水喝，它却能开出绚烂的花朵。这就是养花的技巧，其实也是追求“低成本高品质生活”的学问。

谢小姐是位精打细算的省钱达人，她追求的生活是花最少的钱却不降低生活品质。她说：“有钱也不能大手大脚地花，而要把每一分钱都用在刀刃上，追求更高的性价比。”她还说：“如果别人花10元钱买到的东西，我能花更少的钱，余钱可以买其他东西，何乐而不为呢？”

在“吃”的方面，她坚持在家做饭，这样既省钱又快乐。也许你会觉得这么算计，生活质量怎么能保证？当然能。无论是结婚之前，还是结婚之后，除非必要，谢小姐尽量不在外面吃。她在家做

DIY 美食，既可以解馋又能省钱，还能享受制作美食的快乐，而且吃自己做的饭菜非常安心，完全不用担心卫生问题。

举个例子吧，在某快餐连锁店买一个蛋挞要花 5 元钱，即使在一些西式蛋糕店，买一个蛋挞也要 3 元钱。而实际上，蛋挞的制作非常简单，而且一学就会。主要原料就是鸡蛋、白糖、奶和蛋挞皮，这些都可以在市场上买到，在家做一个蛋挞的成本也就一块多钱。因此，谢小姐想吃蛋挞时，会自己动手制作。

另外，谢小姐发现很多人特别是中老年人习惯早上去早市买大捆的便宜菜，表面上看这样可以省钱，但如果家里的人口不多，买回来的菜不能及时吃完，菜放久了营养就会丢失，这样其实是一种浪费。所以，她说买菜一定要适量化，别怕买菜麻烦。

在“穿”的方面，谢小姐从来不追流行，而是购买自己喜欢的款式，而且主要选择网购。每次网购衣服时，她都会货比三家，当她以较低的价格买到了自己中意的衣服时，她觉得非常有成就感。

另外，女人的化妆品是一项比较大的开支，动辄上千元。有的女性一个品牌的化妆品还没用完，就按捺不住购买另一个牌子，这样很浪费。谢小姐在这方面有一个省钱的办法，就是购买化妆品的中小样。有些品牌的化妆品的经销商手中有很多化妆品的中小样，这些中小样一般是给消费者试用的，有些是消费者购买正品时赠送的，基本是厂家配送的，没什么进货成本，所以，从经销商手中买过来就便宜很多。

除此之外，谢小姐还善于废物改造。她在网上购买了一本有关生活垃圾如何变废为宝的书籍，她发现里面有上千种技巧。比如，把啤酒箱改造成垃圾筒，把废弃的矿泉水瓶、易拉罐做成装饰品，既美观又没什么成本，还增添了生活的情调。对于家中不用的东西，她会在二手网上卖掉。比如，她搬新家时把旧沙发卖掉了，卖了 400 元钱。像这样的例子还有很多。

生活是一门艺术，其最高境界是在追求高品质生活的同时花最少的钱。女人要明白，优雅的生活不是用钱“砸”出来的，而是在精打细算中“过”出来的。这是需要智慧的，一旦你修炼成了这种智慧，你就拥有了一种自然的健康生活方式。

台湾著名漫画家朱德庸曾说：“真正有品质的生活反而是不太花钱的，看你对品质如何定义。”在他看来，高品质生活和低成本的付出是可以很好地协调在一起的，他的高品质生活有三件事：第一是散步，第二是音乐，第三是绘画。而这些不仅不花钱，反而能给他带来高价值。因为散步可以让他享受闲暇，音乐可以帮他修复人性，绘画使他取得了事业的成功。

俗话说：“聪明的女人都是‘省长’。”节省不是抠门，而是巧妙地花钱，让每分钱都花得有价值。比如，有些女人的衣橱里挂满了衣服，其中有些衣服很少穿，梳妆台上的化妆品琳琅满目，有些只用几次，却弃而不用，这些很少被用到的衣服、化妆品，对提高生活的品质有什么帮助呢？如果在买衣服、化妆品之前，多思考一下自己是否真的需要，是否真的喜欢，那么可能就会避免一些不必要的浪费。下面我们就来介绍几种优雅小女人的“低成本高品质生活”的妙招：

（1）用“美容觉”代替高昂的化妆品

在生活中，女人扮演着不同的角色。在工作中，女人巾帼不让须眉，敢打敢拼；在家里，女人要做贤淑的妻子，做合格的母亲，做孝顺的儿媳妇，身兼数职，常常让女人疲惫不堪，忙得连睡个安稳觉的时间都没有，久而久之，皮肤就会变差，什么熊猫眼、斑点脸、草莓鼻、酸菜肤等等，都有可能登场了。

很多女人为了找回昔日光滑的肌肤，不惜花重金购买昂贵的名牌化妆品，比如，雅诗兰黛、玫琳凯、欧珀莱等等，钱是砸出去了，可是有多少效果呢？因为只要你经常熬夜，你的皮肤就会加速老化，再好的化妆品也难以修复。这就好像一个人一边吃毒药，一边吃解药一样，虽然死不了，但是肯定会伤及元气。

其实，最简单有效的护肤法则是保证充足的睡眠，尽可能避免熬夜。关键是，睡觉之前不要心事重重，什么困难、烦心事，都扔到一边，像傻子一样酣睡吧，等睡醒了再去想怎么解决问题。只要你在睡眠中让大脑、身体得到充分的放松，你的肌肤就会得到改善，第二天的工作效率也会更高，还要什么护肤品？

（2）多和阳光拥抱，阳光浴根本不花钱

为什么很多从事体力劳动的人，经常一躺下就能酣然入睡呢？也许你会说，因为他们工作太累了，当然容易入睡。其实，这只是一个原因，更重要的一个原因是，他们经常晒太阳。因为阳光中有抑制睡眠的物质，到了晚上，这些被抑制的物质就会集中起来释放，使人很容易进入梦乡，而且睡眠质量很好。因此，如果你想睡眠质量好，不妨多晒晒太阳，与阳光拥抱，这样既不花钱，又可以保证良好的睡眠，从而促进身体健康。

（3）用果蔬美容，低成本也能造美女

水果和蔬菜里不仅蕴含充分的水分，还有丰富的维生素 A、C、E 等。与那些保湿、美白、抗衰老的护肤品相比，水果和蔬菜的这些功能毫不逊色。更重要的是，果蔬不会给皮肤造成刺激性，这真是低沉本、高效益、无污染，你难道不接受吗？

举个例子吧！苹果有“水果之王”的美誉，内涵丰富的维生素 C，可以让你的皮肤细嫩、柔滑而白皙。做法超级简单，你只需把苹果去皮，去核，然后放入豆浆机中搅拌成泥状，然后涂抹在脸上 10 ~15 分钟。如果你是干性皮肤，你可以在苹果泥中加入一些新鲜的牛奶或蜂蜜，如果你是油性的皮肤，则可以在苹果泥中加入一些蛋清。坚持这样做，一段时间后，你的皮肤会有明显的改善。

当然了，还有很多低成本高品质生活的小妙招，比如，爬楼梯、散步、洗衣服、拖地等，都是健身的妙招，何须花钱去健身房呢？总而言之，只要你做生活的有心人，多了解，多尝试，你就会很快修炼成一个会省钱的优雅小女人，既能让自己健康快乐、美丽优雅，又能让家庭生活和谐美满。

NO.6 女人们，请在家里牢牢掌控“财政大权”

有些女人说，男人就是女人天生的钱包，女人只要走在前面，男人就会跟在后头埋单，毫不犹豫地为女人刷卡，还卡贷。也许你能遇到这样的男人，但记住了，他也只是在结婚之前这样对你，结婚之后，他可能来一个一百八十度的大转弯，让你一时无法接受。还有人说，某某老公很有钱，脸上满是羡慕。总之，钱是女人关心的话题，可是男人有钱不代表会给女人花，也不代表会让女人管钱。这个时候，你该怎么办呢？难道你放心让他管钱，你需要钱的时候接受他的赐予？

“丈夫今年45岁，我比她小10岁，我们结婚10年，女儿已经7岁了。这一切原本让我感到知足，可是，我的丈夫在外面有了情人，而且要和我离婚，无情地抛弃这个家，抛弃我……我真的快疯掉了，我不知道怎样面对这个残酷的现实。”蔡女士说。

蔡女士为什么快崩溃了呢？其实，她惧怕的不是离婚，而是因为婚姻期间，她没有控制好财政大权，手里根本没有存款。现在丈夫要离婚，她离婚之后怎样维持度日，她心里非常没底。

原来，蔡女士结婚之后，就辞去了工作在家照顾孩子，操持家务。丈夫是做生意的，他说做生意需要资金周转，因此，不肯把存款交给她保管，只是每个月给她2000元钱，以此维持家用。她当时觉得他说得也在理，就没有做什么争取。

后来，蔡女士的丈夫在做生意的过程中认识了一个20多岁的小姑娘，然后两人就在外面同居了。从此以后，他很少回家。蔡女士发现这件事后，丈夫也承认了。蔡女士不想离婚，就一忍再忍。但是没想到，有一天丈夫居然提出离婚……

女人要想活出美丽，就应该经济独立，如果做不到经济独立，比如，在家做家庭主妇，或收入微薄，经济不能完全独立，也应该想办法掌控家里的“财政大权”。如果这也做不到，只是做一个依附男人这棵大树的小鸟，那么当有一天，男人无情地抛弃你时，你失去的不仅是一个男人，更是失去了一个从容洒脱的生活。

当然，我们并不是否定天底下所有的男人会那么绝情，只是提醒女人要有忧患意识，要防止蔡女士那种情况发生。除此之外，女人掌控家里的财政大权还有如下几个理由。如果你的丈夫不肯让出财政大权，你可以用下面几个理由说服他：

理由1：管钱是持家必需

从古至今，中国都有“男主外女主内”之说。外，就是在外打拼赚钱，内，就是操持家务，管理家庭日常开支。虽说在现代的婚姻关系中，女人不只要承担操持家务的担子，还要工作，但这改变不了女人掌控财政大权的必要性，这样才便于女人持家。

想一想，家里柴米油盐酱醋茶等日常花销，都需要金钱，女人如果没有财政大权，买一包盐也要向男人要钱，买一棵大白菜也要向男人要钱，估计10个男人会有11个被烦死。再说了，女人在外面忙碌着赚钱，压力已经够大了，如果女人经常因为这些小开支去“烦”男人，男人还有什么动力全身心地去工作？所以说，女人管钱是持家的必需。

理由2：女人通常比男人更会精打细算

关于这一点，我们首先要把一些拜金女、花钱大手大脚的女人排除在外。大多数女人比男人更善于精打细算，这是公认的。看看生活中，我们经常能看到女人在菜市场和菜农讨价还价，在商店和销售员讨价还价，在超市买东西时，选择打折商品，而男人呢？他不屑于这样做，也觉得脸上无光，当然，男人也没这么多闲工夫去讨价还价。所以，单从购物方面，女人就比男人会省钱。所以，让女人管钱有什么不可以的呢？

理由3：女人管钱可“聚财”

关于这个理由，它主要针对那些大手大脚花钱的男人。这种男人出手阔绰，喜欢在朋友面前争面子，吃饭的时候争着买单，这样往往很快就把钱花掉了。我们不反对适当地请客吃饭、争着买单，但是如果不懂得节制，做得太过了，就不是有面子了，而是傻。如果女人掌控财政大权，男人身上的钱有限，他们就没法充阔绰。这样一来，就避免了钱财平白无故地流失，这是聚财的重要举措。

理由4：在一定程度上可以预防男人花天酒地

都说男人有钱就会变坏，因此，女人若能掌控家里的财政大权，让男人手里没有那么多钱，那么就等于在上游切断了男人“变坏”的条件。试想，男人手里没钱，怎么在外面吸引女人？

理由5：有利于平衡夫妻间的平等地位

中国的男人大多数都有一种大男子主义的思想，认为自己是一家之主，认为这个家必须自己来管，其中最重要的就是掌管财政大权。在这样的婚姻家庭中，女人永远处于弱势地位，永远比男人矮一截，这是一种失衡的夫妻关系，对婚姻幸福和长远的和谐是非常不利的。如果让男人把财政大权交给女人，男人可以省心省力，可以一门心思地赚钱，女人在家中可以找到做主人的感觉，可以充分发挥自己的能动性，把家操持得井井有条。

值得注意的是，女人把家里的财政大权控制在手里，有一个大前提是女人必须花钱有计划，懂得节俭理财。如果这个前提不满足，那么男人绝对不放心把财政大权交给女人，纵然女人掌控了财政大权，家也会永无宁日。试想一下，一个花钱没有算计，想买什么就买什么的女人，有了财政大权之后，如果不加节制地将这笔来之不易的血汗钱“挥霍”掉，男人能忍受吗?

所以，女人掌握家庭财政大权之后，一定要善于管理这笔钱，下面几个原则值得借鉴：

原则 1：以家庭幸福为目的，而不是以存折金额为标准

女人管钱是为了家庭生活不受制于金钱，充分享受金钱带来的自由，而不是单纯地为了攒钱，变成一个守财奴。

原则 2：以心中有数为度，而不能锱铢必较

女人有了财政大权之后，对于男人的那些小私房钱，女人不妨适度睁一只眼闭一只眼，没必要全部搜刮过来，否则，男人会觉得很委屈、很不满，不利于夫妻感情的发展。

原则 3：用钱以共同商量为主，切勿自做主张

这里的“用钱”是指涉及到家庭的较大开支，比如，朋友家办喜事，要送礼，送多少钱，夫妻间做个口头商量；家里准备买空调，买什么价位的，夫妻应该交流一番，这样能显示出对另一半的尊重。如果女人总是背着男人自作主张，让男人情以何堪?

总之，现代社会，女人在家中掌握“财政大权”是十分有必要的，但要做得恰到好处，既要限制男人乱花钱，也不要把男人“管”得死死的，最重要的是要把自己打造成一个家庭理财能手。

NO.7 AA 制的爱情，越爱越美丽

在爱情中尤其是在恋爱中，很多女人认为花男人的钱是理所当然的，无论是逛街、吃饭、购物、旅行，女人都巴不得男人埋单。难道男人给女人花钱，是天经地义的吗？为什么女人不能适当给男人花钱呢？

针对这个问题，有人提出了爱情 AA 制，鼓励男女相互为对方花钱，让双方都能感受到对方的爱。对此，女人不用觉得委屈，因为女人给男人花钱，在爱情中，你会显得更加独立而有魅力。这相比于一味地让男人给你花钱，你在爱情中的主动性更强，地位会更高。所以，在爱情中，女人不应该让自己变成一个寄生虫，而应该记得带上钱包，为身边那个你爱的人埋单。这样你才有资格得到一份高质量的爱情。

美艳大学毕业后，找了一份工作，成了一名职员。这个时候，她遇到痴情男同事大志的追求。美艳对大志也有好感，于是就答应了做他的女朋友，两人甜蜜恋爱了。后来，美艳的母亲得知女儿恋爱了，就问美艳："你和大志恋爱之后，大志经常掏钱给你埋单吗？比如，你们吃饭、喝咖啡、逛街、旅游等。"

美艳点了点头，说："嗯，是的，他不为我埋单，难道还要我埋单？男人就应该为女人花钱啊！"

母亲笑了笑，说："你别说得这么理所当然，你以为男人为你花钱，是你的荣耀吗？你觉得每次都让他花钱，你能心安理得吗？男

人为你埋单，不过是想得到你，如果你总是花他的钱，你会觉得吃人嘴短，在恋爱中，你就容易向他妥协，你就会处于被动地位。”

“是的，我也这么觉得，有一次，我不想和他出去旅游，他硬要我去，说不用我花钱，只要我陪着他，我心想也是，他都舍得花钱，我还舍不得陪他吗？于是我就答应了。”美艳说。

“对呀，所以，你应该改变这种状况，适当地给他埋单，让他知道你并不图他的钱财，他也休想用钱财诱惑你屈服于他。这就叫 AA 制爱情，谁也不欠谁，你会在恋爱中更加坦然。”

“我哪有那么多钱，我才工作不久，工资也不多……”

美艳的母亲说：“你放心，我给你钱，但是你要有所节制地花。我说的 AA 制，不是你们平均出钱，而是说，你们在花钱方面，要尽可能礼尚往来，比如，他今天请你吃饭，你明天请他喝咖啡，让他知道你也是有情有义之人，知道了吗?”

美艳说：“知道了。”

记住，在爱情中，女人也应该为所爱的男人埋单。这既是对男人的一种奖赏，也是对男人的一种回报，同时，还能让自己爱得坦然，爱得自在。这才是有质量的爱情。

在如今这个女人能够自食其力的社会，女人应该改变“花男人钱天经地义”这种观念，除非你的自尊天生就没男人的自尊值钱，否则，聪明的女人一定不要过分依赖男人。当然，就像美艳母亲所说的那样，AA 制的爱情不是让你每次约会都和男朋友平均分摊费用，也不是让你和丈夫把什么东西都算得清清楚楚，而是偶尔礼尚往来，回馈男人之前对你的厚爱。这样男人在心满意足的同时，也不会觉得自己是女人的提款机。

另外，AA 制的爱情不是说对男人各种零零碎碎的金钱付出都不接受，而是在面对比较贵重的礼物时，女人应该思考清楚：到底该不该接受，比如，车子、钻戒、其他名牌物品等，至于玫瑰花、巧克力、包包、裙子等，还是期待男人多多益善吧！因为这些小东西，不至于让女人觉得烫手到以身相许的地步，不会让女人觉得自己被贿赂了而不得不为男人“献身”。

退一步说，AA 制的爱情就算无疾而终，男女落到分手的地步，男人也不会找女人要分手费，说什么当初恋爱，为女人花了多少钱。这并非空穴来风，因为有些恋人分手之后，男人真的会找女人算总账。所以，还是一开始就把金钱放到桌面上来谈吧，该 AA 制时还需要 AA 制。

同样，在婚姻生活中，男女之间的爱情互动也应该适当“AA 制”。当然，这个时候男人和女人是一家，金钱是彼此共有的，不存在实质上的金钱平摊，重要的是通过 AA 制这种形式，传达一种互相的关怀。比如，丈夫经常给你买衣服、鞋子、包包，每次逛街都给你埋单，你不妨也给他买些实用的礼物，比如，衬衣、领带、皮鞋、洗面奶等等，这对男人是一种很好的关心，能让男人感受到女人的温情。

很多女人一听到“夫妻之间要 AA 制”时，立刻哗然，以为 AA 制就是和丈夫明算账，一分一毛都要算得清清楚楚：今天我给你做饭，你必须付账；明天你给我洗衣服，我必须给你辛苦费。记住，这是狭隘的 AA 制爱情，真正的 AA 制重在表达一种爱，而非金钱上的等价交换。否则，你的爱情和婚姻就很容易被 AA 制毁掉。

当然，夫妻之间如果想实现 AA 制，男人和女人都需要一份独立稳定的经济来源，否则，AA 制的婚姻生活就是无源之水、无本之木。其次，夫妻两人在情感上应互相信任，要相信，夫妻之间最重要的是感情，AA 制不过是个形式。这样夫妻间的每一次“礼尚往来”都会使彼此感情升温，女人会越爱越美丽，越活越滋润。

第九章

Chapter 9

如何赢得男人的心

当你抱怨没有男人追求自己，抱怨自己的男朋友、丈夫不那么爱自己时，是否想过一个问题：为什么我没有赢得男人的心？事实上，男人不那么爱你，很大的原因是你并未赢得男人的心。所以，你若想得到男人全部的爱，就应该想办法赢得男人全部的心。只有这样，男人才会心甘情愿地、专一地对待你，使你获得被爱的感动，获得爱情的滋润。怎样才能赢得男人的心呢？答案是投其所好，要摸清男人的心理，满足男人的渴望，这样男人将会为你痴狂。

NO.1 主动出击，让心仪的男人乖乖上“贼船”

如果把每一段爱情都看做一次战斗，那么主动的女人肯定会比被动的女人获得更多的先机，主动对心仪的男人采取攻心策略，制造爱的“陷阱”，引男人入“瓮”的女人，肯定比被动地守株待兔的女人更容易抓住爱情。这绝对是一个真理。

主动的女人就像猎人，她们在茫茫人海中东张西望，发现自己喜欢的东西之后，就会主动去接触，在接触中证实自己是否真的喜欢这个东西，然后决定是否采取攻势。当她们发现自己真的喜欢某个男人时，就会采取主动引诱，让男人上她们的“贼船”。就算遭到了拒绝，她们也会淡然一笑，继续寻觅下一个美好良缘。

被动的女人就像温室里的一株植物，时刻都以“小公主”自居，觉得女人就应该被男人追求，永远被动地等待主人为它浇水，给它呵护。如果有段时间主人因为忙碌而忘了给它浇水，那么它只能坐以待毙，接受干枯而死的命运。乖乖女不就是这样的女人吗？如果她幸运地被某个好男人发现，她可能赢得爱情。如果她长得过于普通，就可能永远等待下去，到最后，被逼无奈，只好仓促选择，或在家人的介绍下，心怀不甘地嫁出去。试问，她们幸福吗？这个答案也许只有她们自己知道。

试问，这个世界上，有多少个兔子会撞死在树上？女人不该成为被动懒惰的农夫，否则，将饿死在老树之下。所以，聪明的女人应该做主动的“猎人”，用一双火眼金睛瞄准优质男人，然后想办法将其引诱到自己的温柔乡里，使他从此再也不愿意离你而去。

事实上，男人对女人的主动“引诱”并不会招来男人的厌恶，相反，男人还非常期待。为什么呢？因为女人的主动，至少能够证明男人的魅力，就像女人希望得到男人的追求一样，哪个男人不渴望被女人引诱和追求呢？从事广告营销工作的刘磊明确表示：“我喜欢主动一点的女人，太被动的女人多半内心敏感、自尊心太强，即使你使出浑身解数，她也不温不火。而主动的女人就好多了，她们知道自己喜欢哪类男人，当她们决定追求某个男人时，基本上是心中有数了。和主动的女人交往，恋爱中才有更好的互动，这样的爱情才会轻松快乐。”所以，乖乖女真的不用担心主动引诱男人，会被男人视为轻浮。大胆地去爱吧，想办法把男人引诱到你准备的“贼船”上吧！

刘悦在某大学附近经营一家小小的服装店，她长得虽不算漂亮，但水灵可爱，在待人接物方面非常聪明，与她打过交道的人，对她都有不错的印象。

与刘悦的服装店相隔不到10米有一家书店，刘悦闲暇的时候会去书店逛一逛，看看书，和店员聊聊天，有时候还会和书店的老板交流一下开店的经验。时间久了，她慢慢爱上了书店的老板——一个年轻帅气的男士。可是，对方似乎并未领会她的爱意，怎么办呢？

一天，刘悦和闺蜜逛街时，把自己的心事说了出来。闺蜜问她：“你能确定他是一个好男人吗？”刘悦毫不犹豫地说：“当然能。”闺蜜又问：“你能确定他是你喜欢的类型吗？”刘悦再次肯定地说：“能。”闺蜜说：“那还犹豫什么啊，主动一点吧！再等下去，被别人抢走怎么办！”

刘悦说：“可是……可是我不漂亮，我怕他看不上我，而且我如果主动追求，他会觉得我轻浮吗？”闺蜜笑着说：“怎么会呢？都什么年代了，思想还这么保守，你又不是赤裸裸地勾引他，你只不过给他一些暗示，在他面前展现自己的美，让他明白你的心意。”

见刘悦犹豫着，闺蜜继续说：“爱情来了，就勇敢地伸手去抓吧，也许你一伸手，对方就会张开双手，把你揽入怀抱！”听到这里，刘悦若有所思地点了点头。

后来，刘悦真的行动起来了。她每次去那家书店，都会打扮得性感迷人，以前从来不化妆的她，也开始淡妆出镜；以前从来不穿性感露骨的衣服的她，也开始穿低胸装，而且不时在那位书店老板面前假装弯腰系鞋带，性感的小乳沟让对方心动不已。

同时，刘悦还有意识地了解学生对图书的需求，并把这些信息告诉书店的老板。由于她的用心，这些信息给书店老板带来很大的帮助。渐渐地，书店老板开始关注刘悦，并被刘悦的经商意识和能力所吸引，于是他开始主动约刘悦吃饭、散步，两人交流做生意的心得，畅谈对未来生活的憧憬，越聊越投机。越聊越暧昧。最后，双方顺利地成为了恋人，并在一年后结为夫妻。

婚后，刘悦在一次开玩笑时，不小心把自己当初“引诱”丈夫的事情说了出来，丈夫听了之后，惊呼道：“原来，你一直在故意诱惑我，让我上了你的贼船！”然后假装委屈地样子，和刘悦打情骂俏起来。

刘悦是聪明的，她的聪明在于，遇到自己喜欢的男人时，敢于主动引诱对方进入自己的温柔乡。尽管她的“硬件条件”不是很突出，但她依然展现了自己的性感，展现了自己的能力，最终找到了属于自己的幸福。

聪明的女人就应该这样，要懂得为那个令自己心动的男人准备一艘“贼船”，并想办法将他引诱上船。要知道，好男人本来就少，如果你真的有幸遇到了，但却因为你的被动而错过了，那真的是人生最大的遗憾。所以，赶紧主动出击吧，因为“猎取”爱情不是男人的专利。对女人来说，主动引诱就像捅开一层窗户纸，通常很容易赢得男人的积极回应。

当然，女人主动“猎取”爱情，不是直统统地对男人说：“我喜欢你，做我男朋友吧！”这种没有任何铺垫的追求，只会吓跑男人。明智的引诱策略是委婉暗示，让他明白你的心，这样表面上是你在追他，但实际上却能激起他追你的欲望，如此，你就可以占据主动了。

具体来说，你可以面带微笑，而且最好带着一点羞怯的笑，让对方看了心痒痒；你可以用温柔深情的双眼注视他，在他的双眼看你的那个瞬间，你假装有些慌张地把目光移开；制造与他偶遇的机会，假装你们是有缘分的一对；穿着适度性感，展现你的身材美感，当然，如果对方喜欢女人穿高跟鞋、丝袜，你不妨这么去尝试，投其所好，定会令他心动不已；与他说话时，声音温柔些，甚至有些娇滴滴的，他会听得心里麻酥酥的；在他需要的时候，默默地帮助他，同时，你也可以不间断地请求他帮忙，增加与他接触的机会，满足他的怜香惜玉之情，激起他的自信心。这样，你还担心俘获不了他的心吗？

NO.2 会撒娇的女人惹人爱

千百年来，撒娇一直是女人制服男人的必杀技，也是激发男人雄性激素的法宝。为什么男人在撒娇的女人面前，永远是温柔体贴的呢？原因很简单，因为男人通常是软骨头，他们吃软不吃硬。如果你是个女强人，和他硬碰硬，那么你休想让他屈服你。就算他屈服你了，也是短暂的屈服，有朝一日，他的强硬会像一根被压制了很久的弹簧，直接把你弹出他的世界。

而一旦男人遇到了嗲声嗲气的撒娇女人，刚正不阿的男人将会顷刻间变成一滩柔软的烂泥。他会觉得眼前的女人是这么柔弱可爱，瞬间他对她的保护欲就会被激发出来，想尽办法不让她受委屈。如此，男人就彻底臣服了撒娇的女人。

如果女人对男人撒娇道："我就是一个小女子嘛，你和我计较那么多干嘛呢！"会让很多男人手足无措起来；如果女人嘟囔着小嘴，继续向男人撒娇："我就喜欢这样，我就喜欢和你在一起，我就喜欢你陪我，抱我，亲我，说爱我。"相信绝大部分男人都会迅速缴械投降，甘愿服输道："好了好了，我以后一定多陪你，只要你开心就好，来，让我亲你一下。"这就是撒娇的威力，你见识到了吗？

生活中，不少结婚多年的女人总是抱怨丈夫没有婚前那么宠爱自己，但仔细想一想，男人婚后为什么不那么宠爱女人呢？也许有一部分原因是，女人婚后把精力过于投入到家庭生活的琐碎事物中，婚后的女人变得过于坚强，不再像恋爱时那样爱撒娇了。

有些结婚多年的女人还担心丈夫被"狐狸精"迷走，但仔细想一想，狐狸精为什么那么迷人呢？她们长相不一定比乖乖女漂亮，身材不一定比乖乖女的身材好，她们之所以迷人，不过是因为擅长撒娇，擅长耍弄妩媚。因此，如果你向狐狸精学一学这些"勾引术"，也可以轻松把你的男人迷得神魂颠倒，让他跪拜在你诱人的裙摆之下，把你当女神一样供奉着，随时听命于你的差遣，为你做牛做马，忠心追随你到永远。

在男人心目中，会撒娇的女人永远是极品，就算李逵、张飞这等粗人，也会在撒娇的女人面前压低三份嗓音，变得慢声细语起来。多少英雄豪杰不怕敌人的枪林弹雨，最终却过不了美人关；多少强硬男人不怕和别人拼死到底，但却在女人的嗲声嗲气中惊慌失措；又有多少男人本有一肚子怒火，但在女人的撒娇声中不忍心爆发，而是心怀怜惜地为女孩擦拭眼泪。

聪明的女人要牢记，撒娇是上帝造人时赐予你的秘密武器。在男人眼里，会撒娇的女人总有特别的女人味。在举手投足之间，在一颦一笑之时，在嗲言细语之中，你会不断拨动男人内心最柔软的那根心弦，让男人情不自禁。所以，会撒娇的女人总是那么受宠，因为在这种女人身上，可以让男人获得一种成就感，获得心理上的满足，获得更多的自信和豪情。

假若一个男人眼前有这样两个女人：一个长得漂亮，但是面无表情，不苟言笑；另一个相貌平平，但是温柔娇气，善于撒娇。那么，相信多数男人会选择后者，即使选择了前者的男人，也会在新鲜感过去之后，迷恋后者的温存。因为男人其实就是孩子，而撒娇的女人也是孩子，因此，再怎么成熟的男人也不拒绝和撒娇的女人嬉闹，以希望追求充满欢乐的生活。

会撒娇的女人通常是温柔的，可以为生活增添许多乐趣，可以以柔克刚，将矛盾消除于无形之中。漂亮的女人不一定能俘获男人的真心，但撒娇的女人却是男人花心的克星。撒娇是一把剑，比“倚天剑”还要锋利，只要一出击，就能触到男人的死穴，哪怕让男人肝肠寸断他也心甘情愿。

会撒娇的女人总能让男人开心，也让自己感受到无比幸福。比如，女人在公共场合对男朋友或丈夫百依百顺，嗲声嗲气，给足了男人面子，还能引起周围男人的羡慕。这样一来，男人回到家里，会更加宠爱女人，以报答对女人的感激之情。

会撒娇的女人懂得体贴男人，当男人劳累了一天回到家时，女人娇声娇气地说：“亲爱的，你回来啦，工作辛苦了哦，我给你倒杯水吧……想死我了，来，抱一抱，让我亲一口……”然后，男人和女人热情地拥抱在一起，甜蜜地相吻起来，顷刻间，男人身体上的疲惫消散了，身体里的雄性激素被激发出来了，他可能马上将女人抱到房间，享受甜蜜的鱼水之欢。

会撒娇的女人即使生气，也会非常可爱。面对如此可爱的女人，即使是她有错在先，男人也舍不得去责备，反倒是细心呵护。但是，女人千万不能一错再错，恣意妄为，否则，撒娇就不再可爱了。

当然，女人撒娇一定要“撒”好，既要撒出温柔，还要撒出品味，撒出浪漫，撒出实实在在的风情。该撒娇的时候要撒娇，不该撒娇的时候撒娇，就是撒泼；撒娇要恰到好处，过度了就是撒野。当女人从撒娇变成撒泼、撒野时，情况就大为不妙了，因为没一个男人喜欢撒泼、撒野的女人。

NO.3 风情万种，比美丽更胜一筹

有这样一个故事，或者说是一个笑话，可以帮助我们说明一些道理。

一位离了婚的男人和朋友谈起性生活，一脸气恼地说：“你不知道啊，我前妻在床上始终闭着眼睛，自始至终一声不吭，一副不温不火的样子，像一根木头，一点风情都没有，我越做越没劲。后来我弄了几个A片给她看，边看边做爱，这回她倒是开口喊了，但没想到，她喊的是‘你这个臭流氓’，恶心死了！”

朋友问他：“当初你怎么和她结婚呢？看中她什么了？”

这个男人说：“当初我觉得她文文静静的，长得非常漂亮，有贤妻良母的样子，适合做老婆，但我没想到，婚后的性生活中，她那么被动，那么不配合！”

朋友笑了：“这真是俗话中说的那样，女人在客厅要像贵夫人，在床上要像荡妇。”

这个故事在中国女人身上，尤其是乖乖女身上，肯定一点都不离奇。这个案例值得女人们深思：为什么女人那么不解风情呢？如果没有风情，在漫漫几十年的婚姻生活中，夫妻该怎样相处呢？尤其是在讳疾忌医的性生活方面。其实，该放开的时候却放不开，是最肤浅的虚伪。

众所周知，男人好色，喜欢用眼睛恋爱，喜欢漂亮的女人。但女人只有漂亮是不够的，很多有婚外情的男人所找的情人，还不如他们的老婆漂亮，这说明什么呢？这说明男人喜欢女人美丽的外表，更喜欢女人的娇羞可爱的风情。如果说美丽的长相是女人的资本，那么风情则是女人的灵魂。

在一些大型聚会上，对男人最有吸引力的女人，往往不是那些漂亮的贵妇人，而是那些风情万种的尤物，比如，女明星、女模特、交际花等，也许她们没有天使的脸蛋和魔鬼般的身材，但是她们风情万种，她们善于暗送秋波，善于含羞带笑，善于用肢体语言调情，善于用娇滴滴的声音撒娇，她们有耐人寻味的魅惑神情，她们就是“狐狸精”，她们明白：长得好不如有风情，所以，她们招男人喜欢。

提到“风情”，我们就不由地想象出这样一幅画面：风儿轻吹，树叶摇曳，就像女人圆润的双臀，行走间充满诱惑的扭动。提到“风情”，我们又不由地想到另一幅画面：雨过天晴，阳光下妖娆的花朵显得熠熠生辉，让行人忍不住放慢脚步，多欣赏几眼。也许，女人的前世就是这树、这花，所以女人今生才会如此婀娜多姿、摇曳生姿、绚丽多彩，如此风情万种。

在大诗人白居易的《长恨歌》中，有一句描写杨贵妃风情的诗：“回眸一笑百媚生，六宫粉黛无颜色。”那样的风情，倾城倾国，甚至超越时空，流传至今，让很多女人惊叹不已，但又自愧不如。其实，做一个风情万种的女人，并非遥不可及的梦，关键在于女人是否有追求风情万种的心态和意愿。

上文案例中的那个女人，也许就没有追求风情万种的意愿，在她内心深处，对“风情”存在不良的认识，认为风情就是风骚，就是浪荡。其实，这是天大的误解。真正的风情包含了很多要素，比如性感的着装打扮、魅惑的眼神、暧昧的肢体语言、动人的声音等等。

真正风情万种的女人，懂得男人的内心既有征服欲，又喜新厌旧。所以，她们懂得激发男人的欲望，比如，时而做小鸟依人状，时而表现得娇羞妩媚，时而流露出野性，时而又展现自己的性感魅惑，所以，她们总能把男女爱情编织得美仑美奂，把那男女性爱演绎得丰富多彩，永远让男人品尝不够，流连忘返。

一个聪明的女人，应该是一个懂得激发男人欲望的女人，应该是一个风情万种的高贵的女人。女人的风情万种包括一些性感的姿态，比如，用舌尖反复轻舔嘴唇、摆动自己的臀部、穿丝质吊带裙在屋里走来走去，上身前倾乳沟若隐若现，不经意地摆弄长发，出浴后身穿浴衣走出浴室，衣衫尽湿大方显露身材，被拥抱和爱抚时表现出难以言传的羞怯，在床上懂得攻守兼备、擅长挑逗男人等等，除此之外，女人的风情万种还有更多更高的境界表达。

风情万种的女人是温柔善良的。女人是水做的，她们的特质是柔情似水，她们就像温婉透亮的清泉，晶莹剔透、澄澈见低，却荡漾着涟漪。风情万种的女人，浑身上下、由内而外散发着迷人的气质。有刚毅的一面，又有温柔的一面，通体的钟灵毓秀之气，充满了女人味。她们富有深刻的内涵，又有精致的外在。

风情万种的女人善于装扮自己，她们既会化妆，也会穿戴。她们懂得三分样貌，七分打扮，她们既会化清新高雅的淡妆，也会化妖媚动人的浓妆。她们既知道什么时候适合穿精致干练的短裙和高跟鞋，又知道什么时候适合穿飘逸洒脱的长裙。她们善于根据自己的情绪、环境和天气，随心所欲地装饰自己千娇百媚的外形。

风情万种的女人应该有几双合脚的高跟鞋。高跟鞋对女人来说，是不可或缺的修身利器。一双好的高跟鞋，可以将女人的美丽从头到脚，完美无缺地整合起来。娇小的身材固然有小鸟依人般的楚楚动人，但是穿上高跟鞋后，修长婀娜的曲线美，更能表现女人的性感和风情。

NO.4 甜言蜜语，宠宠男人的耳根

每个女人都渴望听到男人的甜言蜜语，却不屑于对男人说甜言蜜语、肉麻情话。其实，男人和女人一样，也渴望听到爱人的甜言蜜语。如果你懂得适时用甜言蜜语宠爱男人的耳根，向他表达你的爱意，那么你一定会博得他的欢喜和宠爱。

然而，在现实生活中，男人作为家庭的顶梁柱和保护神，在女人眼中是坚强的男子汉，于是乎，女人想当然地认为男人不需要甜言蜜语。哪怕男人遭遇挫折时，女人依然不懂得用甜言蜜语激励男人。殊不知，男人的内心有多么失落。

一位男士说，他和女朋友恋爱三年，女朋友从来没有赞美过他。相反，经常数落他这件事做得不好，那件事做得不好。有时候还说他长得不够帅，怎么穿衣打扮也无济于事；有时候说他不如别的男人会赚钱，跟着他受苦受累，没过上好日子。虽然这些话有时候是开玩笑，并不是恶意的批评和攻击，但他听起来多多少少有些不愉快。

事实上，这位男士所遇到的是很多恋人和夫妻的生活常态。为什么女人在单位懂得赞扬男同事，比如，夸对方穿西装很精神，穿皮鞋很男人，而在家里，却吝啬给予自己的男人赞美呢？也许你不

知道，许多夫妻之所以关系冷淡，与他们相互间的语言交流太苍白、太没人情味有很大的关系。有些男人之所以消沉、懒惰、不思进取，与女人对他们的斥责、抱怨、讽刺和打击也是有较大关系的。所以，不要单方面地向男人索取甜言蜜语，而要懂得不失时机地对男人说甜言蜜语。

当妻子对丈夫说“晚上你不在家，我一个人好害怕”时，表达的是对男人的需要，能满足男人作为家庭保护神的自尊，也表达了女人对男人的依恋之情，同时还委婉地暗示了妻子深爱丈夫，担心丈夫回家晚了。你看，一句饱含温情的话语，能表达这么多美好的意味，怎么能让男人不动心呢？

其实，男人就像大男孩，内心非常需要赞美和夸奖。在著名成功学大师戴尔·卡耐基所著的《人性的弱点》一书中说：男人也需要来自身边最亲近的人的肯定和鼓励，就像他们经常说女人是世界上最美的女人，每次女人都听得心花怒放，知道那是男人对自己表达的爱，而并非自己真的是世界上最美的。男人也一样，如果你时不时夸他一下，他的内心也会甜如蜜。

其次，男人每天在职场中打拼，面对高强度和高压竞争，自信心面临着严峻的考验，有时候他们甚至会充满恐慌。这个时候，如果女人能给男人甜言蜜语般的赞美，男人会觉得拥有一个安全而甜蜜的温馨港湾，经过短暂的歇息和加油，男人第二天又会精神抖擞地在职场冲锋陷阵。

那么，具体应该对男人说哪些甜言蜜语呢？下面，我们就列举一些对男人充满激励和肯定的话语，女人若能把这些话说给自己的男人听，对促进两人之间的感情一定大有帮助。

甜言蜜语1：你的眼神真……

不用把这句话说完，要的就是留一点余韵婉转，让男人去问。当男人问你：“我的眼神真什么？”你可以卖个关子再告诉他：“你的眼神真犀利！”“你的眼睛真有神！”“你的眼神真清澈！”……他的眼神到底如何，你可以随意发挥，只要是好听的，你就尽管说吧，他会很高兴的。

甜言蜜语 2：你的嘴唇好性感

女人喜欢男人夸自己嘴唇性感，男人何尝不是？如果你夸男人嘴唇性感，男人会觉得自己有魅力，至少在你眼中是有魅力的，而且他会觉得你渴望亲吻他的嘴唇，很可能在你说完这句甜言蜜语之后，赏你一个深情的湿吻哦！

甜言蜜语 3：你唱歌真好听

有时候，男人可能会在不经意间哼唱小曲，你不妨抓住这个机会，赞美他的歌声动听。你信吗？下一次，他在家里会唱得更加欢快，而且渴望你成为他忠实的粉丝，对他投以崇拜的目光。当家里有了男人的歌声时，这个家还缺少幸福吗？

甜言蜜语 4：你的胸膛真厚实

尽管男人的胸不像女人的胸一样，有 A、B、C、D、E、F 等衡量标准，但是男人也渴望自己的胸膛厚实，至少这能证明自己是真正的男人，可以让女人有拥抱的冲动。虽然男人的胸膛没有“水”，但是女人依然希望靠在那里，度过一个个美好的军港之夜。所以，夸他的胸膛厚实，他一定会觉得自己特爷们儿。

甜言蜜语 5：你好棒啊

这句话在特定的时候从女人的嘴里说出来，会让男人无比得意和自豪。在什么情况下说出来呢？想必不说你也猜到了，那当然是在激情性生活之后，夫妻相拥在一起享受温存的时候说出来。当然，除了在这种情境中夸男人，在很多时候都可以夸男人：你好棒啊！

甜言蜜语 6：你好高

每个男人都渴望拥有高大的身材，让女人在自己的面前小鸟依人。如果你的男人身材比较高，你不妨夸他：你真高。这样会让他觉得在你面前是高大的，他会把你揽入怀中，让你感受小鸟依人的美妙感觉。

甜言蜜语7：你真聪明

不知道是谁说的，当男人夸女人聪明，而不是夸女人漂亮时，好像意味着这个女人的长相不咋地。可是，当女人夸男人聪明时，男人觉得这是一件值得自豪的事情。事实上，男人也知道自己有几斤几两，但是他就爱听你夸他聪明，就像女人知道自己有几分姿色，却偏爱男人夸自己长得漂亮一样。

甜言蜜语8：你真勇敢

勇敢是个什么概念，在这个时代，男人好像缺少表现勇敢的机会了。但是你要记住，男人的骨子里有一种英雄主义情结，如果你善于抓住机会夸他勇敢，他一定会更加有勇气和胆识。比如，当你被别人欺负时，你的男人冲了过来，把你挡在身后，和别人据理力争，回到家里，你可以夸他勇敢；再比如，你的男人做了一个冒险动作时，你也可以夸他勇敢，但夸完之后，别忘了提醒他：这个动作很危险哦，下次别做了。

甜言蜜语9：你这个人，真有思想

为什么一句赞美的话，要停顿一下才说出口呢？因为这样可以表明，你不是随意夸他的。在说完“你这个人”之后，适当地停顿片刻，做出思考状，然后再说出“真有思想”，男人会认为你是经过认真思考才这么夸他的，他会非常开心。

甜言蜜语10：你这个人真逗，真幽默

有幽默感的男人总是吃香的，很多男人因为自己不幽默，不能逗女朋友或老婆开心而苦恼。事实上，幽默不幽默，也没有一个固定的标准，很大程度上取决于听者是否觉得有趣、有笑料，作为女人，如果你经常说他没幽默感，会越来越打击他培养幽默的自信心。反之，如果你夸他有幽默感，他会觉得你懂他的幽默。

除了这些赞美，你还可以夸男人真慷慨、真大方、真能干、成熟、睿智、是个好丈夫、有责任心。当然，对男人最好的赞美永远只有三个字：“我爱你！”别忘了，男人也爱听到这句话，他爱听的理由和你一样。所以，与其在他对你说“我爱你”之后，你对他说“我也爱你”，不如主动对他说“我爱你”，这对男人来说，其意义是大不一样的。

NO.5 判断男人是否坠入爱河的10种表现

爱情是美好的东西，它让一个陌生的男人和一个陌生的女人走在了一起。当那个来自火星的男人对你说“我爱你”时，你不要高兴得太早。因为这句话是个男人都会说，而且很多男人说这句话的时候，就像随地吐一口唾沫那样平常，所以，你要判断他这句话代表的是真情，还是假意。那么，怎样才能判断男人是真的爱你，怎样才能判断男人坠入爱河呢？让我们看看男人坠入爱河的10种表现吧！

第一种表现：他的眼里只有你，没有别的女人

众所周知，男人爱看美女，当他发现视线中有个美女时，他的眼神就像全球定位系统一样聚集过去，然后目不转睛地看，如果他担心直愣愣地看会给对方造成压力，他可能会看一眼之后，假装把眼光转移开来，然后又转回去继续看。

眼睛是心灵的窗户，男人的眼睛可以把他内心的真情泄露无遗。所以，当你和男人在一起时，记得观察他的眼神。如果你发现他的眼神经常被周围的美女吸引，那么你可以认为他并未对你痴迷。反之，如果他对别的女人视而不见，唯独对你看不够时，那么你可以认为他已经为你倾倒了。

值得注意的是，如果他看了你一眼，又闪开眼神，然后再看你，

如此重复，这说明他非常喜欢你，但是又有些不好意思。如果他一直专注地、大胆地看着你的眼睛，一点都不觉得不好意思，说明他的内心世界已经向你敞开了大门。

第二种表现：用实际行动告诉你，他爱你

“我爱你”不能只挂在嘴边上，更多的应表现在行动上。假如一个男人口口声声说爱你，却连请你一顿饭也要和你AA制，每次约会自己花了多少钱都算得清清楚楚，说他花了多少钱。那么，你千万不要相信他坠入了爱河。

如果他愿意为你做一些不符合他本性的事情，为的只是让你高兴，那么他很有可能已经爱上你了。比如，你任性发脾气的时候，他不会骂你，而是委屈地说：“亲爱的，我做错什么了吗？你说出来，我一定改，只要你别生气就好，生气对身体可不好！”

再比如，在同学聚会、家庭晚宴上，他见别人向你敬酒，他知道你不会喝酒，他会主动站起来说明情况，主动为你挡酒。这种行为表明他为你着想，是爱你的表现。

第三种表现：允许你进入他的生活

如果一个男人嘴里说爱你，却不告诉你他的家庭情况，不让你知道他的家庭住址，也不带你去他家，或者说带你去他家之后，不让你进入他的房间，那么说明他还没有完全对你敞开心扉。相反，如果这个家伙积极向你介绍他的家庭成员，经常邀请你去他家玩，还带你进入他的卧室，向你介绍自己的物品，说明他爱上你了，他希望和你一起拥有共同的空间。另外，他还会把你介绍给他的朋友，让朋友都知道你是他的女朋友，而且在介绍的时候，满脸的喜悦和自豪，这表明他希望你进入他的社交圈子。

第四种表现：在你面前毫无保留，没有秘密

坠入爱河的男人，会把自己的一切都告诉你，包括自己的快乐和烦恼，成功和失败。如果有个男人嘴里说爱你，却在你面前偷偷接电话，这说明他在刻意隐瞒什么，这个时候你就要注意了。如果男人电话响了，他没来得及接听，而是喊着："亲爱的，你帮我接一下，看是谁?"那么说明这个男人对你毫无保留，说明你已经进入了他的王国。

第五种表现：随时让你找到他

如果一个男人坠入了爱河，那么，他的手机会24小时为你开机，因为他希望你随时能联系到他，哪怕三更半夜，你睡不着觉，只要你愿意就能拨通他的电话，并且他会从睡梦中醒来，认真听你唠叨。反之，如果他的手机莫名其妙地无法接通、关机，那么他有可能在背着你干"坏事"。

第六种表现：他的业余时间基本都属于你

如果一个男人坠入了爱河，那么除了工作之外，剩余的时间他都愿意和你在一起，因为他时时刻刻都想看见你。如果他有大把的时间，却没和你在一起，而且找了很多莫名其妙的借口，那么表明他不太愿意和你在一起。这个时候，你不要相信他所说的有多么爱你。

第七种表现：毫不在意别人的看法

生活中，总有这样的男人，他们会因为父母、朋友对他女朋友评价不好，而拒绝和女朋友交往下去。这样的男人不要也罢，因为他们并非真心爱你。如果男人真心爱你，是不会轻易被别人的看法影响的，就算父母不同意你们在一起，他也会努力争取。所谓"情人眼里出西施"，爱你的男人认为你是美丽的，不管别人怎么评价你，他始终认为你是最好的。

第八种表现：尊重你和你的家人、朋友

坠入爱河的男人不会轻易嘲笑你的长相、身材、兴趣、工作。比如，你喜欢看爱情电影，他却爱看动作片、惊悚片，他对爱情片根本没兴趣，但是他愿意陪着你看完爱情片，而且还很认真地看，绝不敷衍。他不愿意逛街，但是只要你说想逛街，他都愿意陪着你。对于你的家人和朋友，他也非常尊重，不嘲笑他们，而且到你家之后，还会积极地帮忙做事，这表明他渴望得到你家人的认可。

第九种表现：愿意做你的护花使者

坠入爱河的男人和你一同外出时，会随时地在你身边，拉着你的手，生怕你走丢了。在摇摇晃晃的公交车上，他会一只手扶着把手，一只手揽着你的腰，保护你的安全。这些不经意的行为，恰好说明他坠入了爱河。

第十种表现：愿意为你改变

男人和女人的对问题的看法、审美观等是不同的，男人觉得这样穿着打扮挺好，女人却不以为然。如果你建议男朋友做些改变，他却置若罔闻，依然我行我素，说明他不够爱你。而如果他诚恳地接受你的建议，哪怕为此会被哥们儿嘲笑，也去改变自己，这种“重色轻友”行为的背后，说明他有一颗坠入爱河的心。

NO.6 盲目为爱献身到底值不值？

男人的一句“我爱你”让很多乖乖女感动，但很多男人花言巧语，只为讨女人的欢心，让女人相信自己，从而快一点打开女人的心门，也快一点打开通往双人床的房门。然而，当男人得到女人后，并不一定一直在乎女人，尤其是当新的异性出现时，他们可能会抛弃旧爱，选择新欢。所以说，男人是以爱之名来达到满足欲望的目的，是为了性而爱。

而女人则不同，她们大多数视爱为生命，为了爱可以放弃一切，可以辛苦一辈子，可以为了得到男人的爱而献身。所以说，女人为了爱而性。在这种情况下，男人和女人在发生性关系的时间上就存在很大的冲突，男人恨不得先发生性关系，再去恋爱，而女人希望结婚之后，才能发生性关系。如此一来，叫男人如何忍受呢？

在性方面，男人往往是猴急的动物，他们没有那么持久的耐心。因此，女人如果一味地坚持“结婚才能发生性关系”，那么可能让男人内心一下子冰凉，还有可能直接逼走男人。当然，女人也不能过分迁就男人。比如，恋爱还没三天，男人说出去开房，女人就答应，这肯定是不理智的。那么，女人到底什么时候才可以把自己的身体给男人呢？我们先来看一个例子。

一天，雯靖给闺蜜打电话，她说爱上了一个男人，这个男人幽默风趣，而且非常浪漫。最关键的是，雯靖觉得那个男人也同样爱她，因此，他们成了一对恋人。就像其他恋人一样，他们在花前月下牵手散步，拥抱亲吻，彼此的欲望就像星星之火，有非常明显的燎原之势。

半年之后的一个晚上，雯靖又给闺蜜打电话，一句话还没说完，就哭了起来。闺蜜忙问怎么了，是不是男朋友欺负他了。雯靖说：“在这半年中，男朋友多次提出性要求，我一直找借口往后推。刚才他又提出了性要求，我又往后推，但他却说：如果还不答应，他不想继续谈下去了。我害怕失去他，但是又不希望这么早发生关系，我想再等等……”

闺蜜问雯靖：“你真的心甘情愿把自己献给他吗？你真的爱他吗？”雯靖表示真的爱他，她也懂得不应该过早地献身，可是，她担心男朋友放手……

性是男女共同的生活乐趣，是维系一段爱情和婚姻的纽带。然而，什么时候该发生关系，爱的程度是否到了那个地步，这是一个值得深思的问题。如果女人担心自己的爱情不能天长地久，就必须在献身之前保持几分清醒和理智。

然而，很多用情太深的女人是糊涂的，她们为了留住爱情而委屈自己，不太情愿地满足男人的性要求。这样做并不一定就是错的，只是说会让女人在爱情中处于被动、不利的地位。再说了，恋爱与结婚不能划等号，恋爱再怎么甜蜜，也不能保证情侣就能结为夫妻，因为这其中有很多变数。因此，女人过早地献身，到最后有可能换来的却是爱情、处女之身皆空的结局。

那么，这是不是意味着女人在爱情中禁欲、坚守“结婚才能发生关系”的原则呢？其实，也不是这个意思。关键是，要看爱情的深度是否到了让你心甘情愿献身的程度，如果没有达到这个程度，说明爱得不够深。既然爱得不够深，分手的可能性相对就比较大，而若深爱了，那么分手的可能性就相对较小，在这种情况下，女人和男人发生性关系也无妨。

如果两人已经爱得很深，女人却依然坚持“结婚才能发生关系”的原则不动摇，可能会让男人感到很压抑，很冷心。要知道，在男人的思维里，真心相爱之后如果没有发生性关系，似乎意味着爱情还差那么一把火，他们迫切希望用这把火将爱情燃烧到最炽热的顶点。有些男人还觉得，女朋友答应和自己做爱，表明她真心接受了自己。否则，表明她还没有完全接受自己，还不够爱自己。

可是，爱要多深才能发生性关系呢？这其实没有一个具体的衡量标准，尺子在你自己心里，你要问问自己的真心：他真的值得我托付终身吗？我们真的相爱到可以发生关系的程度了吗？如果你的内心给你的答案是肯定的，那么就放开传统的观念，和他享受两人交合的美妙感觉吧！反之，你就要学会巧妙拒绝他的性要求了，那么怎样拒绝才高明呢？

很多单纯的女人在面对男朋友的性要求时，总是问男朋友：“你是爱我的人，还是爱我的身体？”殊不知，这种问话会让交谈气氛多么尴尬，让男人多么狼狈不堪，最后，男人只好气愤地说：“如果我不爱你，干嘛和你这么认真地谈恋爱，我还不如找妓女去！”聪明的

“坏”女人听到傻女人这样的问话，肯定心里会偷笑。仔细想一想，你的身体难道不是你的一部分？如果男人说爱你，是不是也包括了爱你的身体呢？所以，不要用这种白痴问话拒绝男人。

“坏”女人知道，男人并非天生反感女人拒绝他的性要求，关键要看你拒绝的技巧，如果你拒绝得很巧妙，让他知道你很爱他，你也很想和他做爱，但只是时机未到，那么男人会满怀期待地等待你准备好的那一天。比如，你对男人说：“知道吗？我也很想和你做爱，我从没体验过那种感觉，我真心爱你，但是我听说第一次很疼，我想到这个问题就恐惧，我觉得我还没准备好，你能给我时间准备吗？”

此外，如果你觉得你们的爱情还未发展到发生性关系的程度，那么，你应有想办法做好防身的准备。比如，不要轻易去他家，尤其是晚上；如果他送你回家，而你是独住，你最好把告别行动结束在进门之前。千万不要相信他“只坐一会儿”的请求；不要在没有光线的地方长久地热吻，小心他把持不住哦！

NO.7 绕开“科妮基现象”，让他对你始终如一

喜新厌旧似乎是人的天性，即使一对恩爱的夫妻，如果在几年甚至几十年间反复和同一个人，以同一种姿势，同一套程序做爱，必然会产生单调乏味的感觉，以至于性爱的快感大打折扣，导致彼此之间对性生活的需求不那么迫切，甚至会将性生活视为对对方情绪的照顾，或者将性生活视为一种例行公事，乃至一种负担。在这

种情况下，如果新的异性出现了，人们就很容易对其产生性冲动，于是就有可能发生“婚外情”。

其实，不仅人类有婚外情的倾向，动物也有。动物学家研究发现，雄性哺乳动物容易被异性唤起性冲动，往往容易发生“婚外情”。当雄性哺乳动物与新的异性交配之后，它很快就会厌倦这个异性，然后继续与另外的异性交配。也许是因为不断更换交配对象，所以，雄性哺乳动物的性冲动会长久地保持下去。

在家畜中，雄性家畜不愿意同一个雌性重复交配，而且它们有一个特别强大的功能，那就是可以轻松分辨出眼前的雌性对象是否是自己的“旧欢”，一旦辨认出来，它们就会放弃，转而去选择与新的雌性交配。这种现象在动物学上，被称为“科妮基现象”。

关于“科妮基现象”，有一个有趣的故事：

在西方的传说中，有一位美国的总统夫人名叫科妮基，有段时间她对养鸡场产生了浓厚的兴趣，于是她问养鸡的饲养员：“公鸡和母鸡每个月交配多少次?”饲养员说：“10多次。”科妮基深有感触，于是把这件事告诉了总统先生。

总统先生听了之后，又向饲养员打听这件事：“公鸡每次交配，是否都是和同一只母鸡?”饲养员说：“不是，每次都是和不同的母鸡交配。”总统先生笑了，回到家之后，他把这件事告诉给科妮基。

从那以后，人们就根据这个故事，将雄性动物对异性的这种不专一，称之为“科妮基现象”。

透过“科妮基现象”，我们可以发现：性爱的新鲜感和激情，是在不断更换性伴侣的过程中产生的，如果与同一个性伴侣重复做爱，而且每次方法和程序一样，那么新鲜感将难以持久，到最后还会产生厌烦。反之，如果在性爱方法和程序上做些改变，出些新招，即使长期和同一性伴侣做爱，也能让彼此在性爱中感受到新鲜和刺激，于是激情又迸发出来了。

从“科妮基现象”中，我们还可以发现一个问题：雄性动物非常容易出轨，当遇到能够唤醒他们欲望的美丽、性感女人时，他们就有可能迷失自己。当然，人类的自制力绝不像动物那样，他们能够理智地控制自己。但女人也不要一脸天真地相信男人所说的“我绝不会背叛你”之类的鬼话，不要过于自信地认为，你的男人经得住其他女人的诱惑。

乖乖女莹莹和子键结婚了，他们有自己的新房子，子键还有稳定的工作，不久之后他们又有了可爱的孩子。原本三口之家过着稳定的生活，但是结婚5年后，子键有了婚外情。当莹莹得知这个事实时，差一点崩溃了，一气之下，准备离婚。

面对闺蜜的安慰，莹莹痛苦地说：“我的心很痛，为什么他那么花心呢？他经常对我说，一辈子只爱我一个人，为什么他背叛我呢？”她边说这些，边哭泣着，显然，她不忍心离开自己的丈夫，但是她又无法原谅丈夫外面有情人。

为什么家里有一个好老婆，男人还不知足，还要在外面拈花惹草呢？难道男人真的没有良心吗？其实不然，很多时候，男人背着老婆偷腥，不过是为了追求一种新鲜感。尤其是结婚已久的男人，对一成不变的性生活产生了厌倦情绪，迫切希望找到新鲜的刺激，体验不同于和自己老婆做爱的感觉。

当然，有时候男人偷腥，也是有意外原因的，比如，喝醉了酒，而恰巧有女人在身边，并且那个女人对他有好感，结果，就在迷迷糊糊中犯了错。总之，男人陷入了“科妮基现象”，并不一定是品质低劣问题，主要还是雄性这种动物的天性问题。

聪明的女人对男人的天性了如指掌，她们绝对不会像乖乖女那样对自己的男人的甜言蜜语那么信以为真，因为她们知道没有一个男人不花心，男人都是偷腥的猫。因此，她们会想方设法用一些“坏”点子，尽量避免“科妮基现象”发生在自己男人身上。

聪明的女人知道，每一个男人都是一个十足的探险家，不同的女人对他们来说，就是一个个未知的世界。男人对这些未知的世界充满了好奇和探索欲望，他们总是寻找一切机会去探究，这种强烈的欲望促使他们努力与那些能够吸引自己的女人接触，这是男人天性的探索欲。因此，“坏”女人善于制造新意和神秘感，引起男人的关注和好奇，从而激起男人的探索欲。

聪明的女人知道，大多数男人的“风流”只限于潜意识和“白日梦”。虽然他们非常渴望和新的异性结交，渴望和异性发生性关系，追求新鲜的欲望，但是他们并不一定就能真的和新的异性发生肉体上的关系。多数男人不过是以新的异性为题材，做一些白日梦而已。“坏”女人了解男人这种心理，不会因男人的这种表现而视男人为“出轨”。她们会体谅男人这种欲望，对男人有一颗宽容的心，从而更好地擒获男人的心。

第十章

Chapter 10

从现在开始，做个聪明的“坏”女人吧！

女人的“坏”并非天性使然，而要靠后天修炼。如果你是个乖乖女，那么从这一刻开始，彻底觉醒吧，因为好女人容易没糖吃，好女人容易被轻视，试着做个“坏”女人，自私一点，独立一点，让自己的内心丰富一点，直至修炼成“狐狸精”，这样你就能随心所欲地“坏”下去，追逐属于自己的幸福。

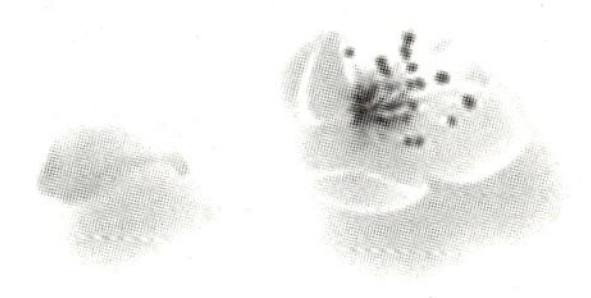

BEING A WOMAN SHOULD NOT BE
TOO HONEST

NO.1 聪明女人就是要变“坏”，自己才能救自己

多考虑别人的感受，关心别人，照顾别人，温柔一些，大度一些……从小到大，这些话就萦绕在我们的耳边，大人总是这样教育我们，说：“善解人意、宽容大度的女孩才会人见人爱。”于是，我们兢兢业业地工作，认认真真地待人，全身心地投入到爱情和家庭中，以为这样就可以幸福一辈子，可是突然有一天，我们突然发现，好女人没好命，倒是“坏”女人有人爱。于是，我们慢慢清醒了，做好女人，把幸福寄托在别人身上是不现实的，只有自己才能拯救自己，只有自己才能给自己快乐。

法语专业毕业的小玫为了支持男朋友大海的事业，辞去了法语翻译的工作，去商学院学习，以增强自己的财务分析能力。因为男朋友正在策划一个德国品牌的服装代理项目。

一天晚上，小玫原本准备去上课，跟大海说晚上不回来吃饭。但是半途中，她头疼难受，只好中途返回。当她刚进卧室，准备换衣服时，就听到大海用钥匙开门的声音，于是她淘气地躲到卧室的阳台上，想吓一吓大海。

可是当大海进屋时，小玫发现他带着另一个女人回家。两人进了卧室之后，坐在床上互相甜言蜜语，打情骂俏。小玫差一点就要冲出来，但是想到自己披头散发，而且一身廉价衣服，她就丧失了勇气。

说来也巧，小玫从窗帘的缝隙中发现，那个女人居然是她的高中同学蕾蕾。这个蕾蕾就是个典型的小辣妹，在高中的时候，她不学无术，经常和几个贪玩的男生厮混在一起，有同学曾讽刺她道：“像你这样整天疯疯癫癫地，以后怎么嫁人？”而今这个爱玩、爱美、毫无贤惠特质的蕾蕾居然把小玫的男朋友迷住了，这到底是什么世道啊？小玫怎么也想不通，到底自己哪儿输给了蕾蕾？

为什么“坏”男人能讨到好女人做老婆，“坏”女人能嫁到好老公呢？这真的是“男人不坏，女人不爱；女人不坏，男人不爱”。莫非女人爱花钱，才能找到能赚钱的男人？莫非男人花心，才会骗一个个痴情的好女人？看到这种现状，你的思维是否彻底凌乱了呢？

如果你真的想不通，那么就不要想太多，记得做个“坏”女人就行了，多考虑自己的感受，多满足自己的需求，而不要一味奉献，一味宽容，一味妥协。当你大声说出“我要幸福”时，男人才会给予；当你说出“我要快乐”时，男人才会满足。如果你只知道对男人好，并期望得到男人的回报，那么你可能会很失望。

宣女士曾经是一个普通的家庭主妇，有段时间丈夫失业，情绪十分消沉，而孩子面临高考压力，每天忙于学习。所以，她回到家里，经常被丈夫和儿子当空气。不过，她一忍再忍，陪伴丈夫度过了低潮期。在这段时间里，她每天要上班，下班后还要做家务，忙起来甚至都忘记了喝水。

后来，她的丈夫找到了工作，儿子也考入了大学。于是，她决定重新开始自己的人生。她开始学习制作 SOHO 蛋糕，为此她报班学习，然后回家练习蛋糕制作艺术。期间，她不再像以往那样洗衣做饭，而是自顾自地忙碌自己的事情，这一回，她把丈夫和儿子当成了空气。

真是应了那句俏皮话：“男人就是贱。”自从宣女士不顾家务之后，丈夫发生了明显的变化。以前从来不做家务，但是后来他每天下班之后主动做饭、洗碗，还会洗衣服、拖地。当宣女士制作出甜美的蛋糕时，丈夫和儿子都会积极品尝，还忍不住赞扬道：“真的太好吃了。”

你是否发现了一个“真理”呢？那就是女人付出越多，透支越多；透支越多，寂寞越多；寂寞越多，快乐越少。因此，当你向所爱的人付出时间、精力、关心、照顾之后，如果你没有从他们那里得到应有的感动和回报，那么请立即停止付出，不论他是谁。你有这些时间，不如花在自己身上，追求自己渴望的东西，体验自己需要的快乐。当你变“坏”之后，男人才会慌乱起来，才会开始重视你。

如果把女人比喻成一棵树，相信每个女人都希望自己枝叶茂盛、生机勃勃。然而，乖乖女到最后往往变成了一根木杆，被别人用来晾衣服。而“坏”女人由于看透了世事，明白了这个世界对她们来说根本没有什么重要的事，没有什么事情是不可承受的。所以，她们不会和自己较劲，她们懂得爱自己，懂得保护自己，于是变得枝繁叶茂、生机勃勃，最后吸引很多男人去欣赏，成为定格在相机里永远的风景。

NO.2 女人不妨“自私”点，永远最爱自己

在一则化妆品广告中，有这样一句台词：“一天 24 小时，你有多少时间留给自己？”美国妇女健康资源中心曾针对 1005 名妇女做

了一次调查，70%的女人表示，她们在家里总是把家人放在第一位，而没有时间顾及自己。女人对家人总是那么无私，在所爱的人面前，她们经常忽视自己的需求，压抑自己的欲望。

君怡最近感情出了问题，她说她把一份爱情苦苦经营了5年，最后依然没有一个结果。她找好朋友倾诉，朋友问他：“是他不愿意娶你吗？”

君怡说：“不是，是他的父母不接受我！”

“为什么不能接受你呢？”

“他们说我长得不够漂亮，个子太矮了，还说我老家是农村的。”

“你怎么看待自己呢？你打算怎么办呢？”朋友问。

君怡说：“我确实不够漂亮，而且家在农村，我感觉配不上他，和他家庭格格不入。我不希望他面临这个两难选择，不希望他因为我和父母闹僵，但是我又舍不得放手，因为我爱他，他也爱我。”

说完这些，君怡情不自禁地流出了伤心的眼泪。她说如果失去了这段感情，她可能再也不会爱上别的男人了。后来，君怡听说他的父母给他介绍了一个女朋友，于是她主动退出了这段长达5年的感情，并且消沉了很久……

女人，在这个世界上，谁是最爱你的人呢？也许你会说：“父母最爱我。”也许你会说：“我的男朋友（丈夫）最爱我。”不错，天底下的父母都是爱孩子的，但是最爱你的并不一定是他们，因为在时间和空间上的障碍，他们对你的爱是有限的，尤其是当你长大之后。也许你的男朋友或丈夫很爱你，但是他对你的爱也是有限的，也许在他的心底，还装着别的女人，他并没有给你全部的爱。

那么，到底谁是最爱你的人呢？没错，你才是最爱自己的人。因此，不要太无私了，试着“自私”一点，永远把自己放在第一位，永远最爱自己。而且你可以随时随地地爱自己、宠自己，努力做一个快乐的女人。

雅雅上大学的时候，就以“自私”闻名于全班。她非常宠爱自己，她会吃，知道吃什么可以摄入全面的营养；她会穿，知道如何把自己打扮得漂漂亮亮；她也善于学习，懂得劳逸结合，成绩比那些秉烛夜谈的同学还好。当她自己正需要笔时，如果同学找她借笔，她肯定不借；如果她忙，没时间帮同学解答问题，她也会一口拒绝。总之，她时刻把自己的需求放在第一位。这样的女人长大之后有怎样的婚姻生活呢？有男人喜欢这么“自私”的女人吗？

后来，在一次同学聚会上，雅雅带着老公出现在大家面前。这时大家才知道，雅雅嫁给了一个成功男人，婚后生活甜蜜无比，而且大家发现她比以前更有韵味。有人开玩笑问她：“你还是那么‘自私’吗？”她仰起脖子，笑着说：“这不叫自私好吧，这叫自爱，我最爱自己，我老公也得排在第二位。女人如果不爱自己，还指望别人爱吗？女人如果不爱自己，怎么能快乐呢？”

她的一番话尽管“自私”，却也说得在理，让人信服。

“我最爱自己”这难道不是女人快乐的秘诀吗？当女人懂得爱自己时，连上帝都会忍不住多给她一份爱。因为在这个世界上，没有任何一个人能和你如影随形，从一而终。也没有任何一个人能真真正正、完完全全体察到你的内心感受和需求。无论是谁，他帮你分担的不过是一部分感受，给你的不过是一部分真爱。如果你不能给予自己全部的爱，一味地奢求别人的爱，你永远都是缺少爱的。

女人，你要记住：世界上最爱你的人是自己，不要为了别人放弃自己的快乐，放弃自己的原则。所以，你不妨“自私”一点，把自己的需求放在第一位，多给自己一点爱。

身体是你的本钱，你要学会关心自己，照顾好自己，要爱惜自己的身体。尤其是年轻少女，在和男朋友情深意浓时，要注意把握分寸，要注意保护自己，不要为了满足对方的欲望而不采取任何保护措施。尽管他说爱你，也为你做了很多事情，但是万一出了问题，伤的是你的身体，痛的是你的心，他根本无法帮你分担痛苦。

时间是你的生命，你要多给自己享受生活的时间。生活虽然有压力，但你要学会放松身心，在茶余饭后，到户外走一走，做一做深呼吸。忙碌的时候，如果男朋友约你，你不妨多考虑自己的感受，而不要一味满足他的要求。疲惫的时候，给自己休息的时间，而不要委屈自己去陪男朋友。

快乐是你的追求，你应该去做自己喜欢的事情，去追求自己期盼的快乐。爱自己的工作，爱自己的家庭，爱自己所拥有的一切。在别人肯定你之前，要先欣赏自己。逛街的时候，看到琳琅满目的服装时，喜欢就买吧，适度即可。一个懂得打扮自己的女人，才能绽放最动人的魅力。

在男人眼中，“自私”的女人并不可怕，因为这种自私不伤及别人的利益，不干涉别人的自由，这样的自私是自爱，自爱的女人才会被爱，自爱的女人才会幸福快乐。

NO.3 多读书的女人才淡定

女人的美丽不仅仅指漂亮的容貌，还包括丰富的内心。要想内心丰富起来，女人就应该多读书，不断提升自己的修养。台湾著名作家、思想家李敖曾把女人的美归为三种境界：第一种境界是化妆化出来的美丽；第二种境界是健康养生，养出来的美丽，比如，饮食科学合理，睡眠质量高；第三种境界是学出来的美丽，比如，多读书，多积累知识，让美丽由内到外渗透出来。

不难看出，李敖所归纳的女人美丽的三种境界呈现的是一种递进关系。聪明的女人不应该只热衷于美容和化妆，更应该重视给内心做“美容”，这样女人的魅力才能长盛不衰，女人的内涵才能源远流长，女人的修养才会步步提升。读书少的眼睛是空洞的，即使容貌漂亮也无济于事，爱读书的女人才是永不过时的美丽。

书籍对女人的效力不像化妆品，也不像睡觉那样短期见效，也许你连续三个月读书，和三个月内未曾读书的女人差不多，但是一年、三年之后，读书的女人与不读书的女人就有很大的差别，读书越多，女人会越有内涵，越有思想，越有修养。

爱读书的女人，不容易持续沉沦于悲苦，因为她们心胸开阔；爱读书的女人，不容易感到绝望、孤独、惆怅，因为书是她们的精神食粮，是她们永远相伴的朋友；爱读书的女人，不容易怨天尤人，也不会轻易孤芳自赏，因为她们从书中发现自己只是沧海一粟；爱读书的女人，对自己更有信心，因为书让她们明确了自己的优势，知道自己的长短，使她们既不自卑，也不自大……

爱读书的女人，内心有一盏明灯，可以耐得住寂寞，守得住繁华；爱读书的女人，心中拥有梦想，即使她们是平凡的花草，也能创造满园的春色；爱读书的女人，心中有琴弦，纵然是独自漫步，也不缺乏美妙旋律的调味；爱读书的女人，心中有从容，面对青春年华的逝去，她们毫无畏惧；爱读书的女人，有聪慧的心，有质朴的爱，有善解人意的温柔。

前苏联作家高尔基说过：“学问改变气质。”由此可见，读书是提升女人气质，使女人精神永葆青春的不二之选。无论你是刚出校园的单身女生，还是刚刚恋爱的甜蜜少女，抑或是已为人妻的成熟妇人，你都应该养成阅读的习惯，只要你多读书，你的眼睛就会变得深邃而富有内涵，不管你身处何处，都是一道美丽的风景。也许你相貌平平，但是你的骨子里却透出了诱人的风味。

在这个竞争日趋激烈的社会，女人所感受到的压力也与日俱增，如何才能调整身心的疲劳，陶冶情操呢？也许你可以选择健身、旅游，但是成本最低、最高雅的方式是阅读。你既可以翻阅杂志期刊，也可以拼读名著，还可以欣赏漫画。阅读不但可以使你增长学识，还能美容养颜，愉悦精神世界。

医学研究发现，读书是一种养生的有效方法，因为读书可以使人浮躁的内心变得宁静，使人狭窄的视野变得开阔，大大提升人的修养，充实人的精神。书籍就像一个百花园，随时供你去欣赏，去吸取营养，使你在春风得意时不忘形失态，在沉闷失落之际重新振作，抖擞精神。

北宋诗人黄庭坚曾说：“三日不读书，则义理不交于胸中，对镜觉面目可憎，向人则语言无味。”英国的大哲学家培根也说过类似的话，他说：“阅读使人充实，会谈使人敏捷，写作与笔记使人精确……史鉴使人明智，诗歌使人巧慧，数学使人精细，博物使人深沉，伦理使人庄重，逻辑与修辞使人善辩。”书籍是女人最好的化妆品，可以使女人的气质更加迷人。

如果说世界上有十分美丽，但是没有女人，那么将失去七分美感；如果说女人有十分美丽，但是远离书籍，那么女人将失去七分神韵。因此，女人应该像著名女作家毕淑敏所说的那样：“日子一天一天地过，书要一页一页地读。清风朗月，水滴石穿，书要一年几年一辈子地读下去。”

也许你已经结婚生子，每天忙碌在工作、家庭、孩子之间，很难抽出大段的阅读时间，也许你会以此作为没有时间阅读的借口，但只要你愿意阅读，你就会从百忙中抽出零碎的时间，哪怕一天只看一篇文章，那也能收获知识的营养。

夜深人静的时候，当你忙完该忙的事情时，你可以抽出半个小时来阅读，靠在床头，听着曼妙的音乐，静静地阅读，静静地沉思……待到睡意朦胧时，再放下书本，安然入梦。

NO.4 “坏”女人的攻心秘籍

女人们，如果把男人称为“野兽”，你应该不会介意吧？之所以这么称呼男人，是因为很多时候，他们没有被驯化。当你发现自己的男人不那么称心如意时，你要记住一句话：错不在动物，而在于你没有驯化他。

怎样才能驯化他呢？你无需用绳子拴住他，用鞭子抽打他，你要做的是变“坏”起来，攻其心，锁其心，让他为你死心塌地，永远乖乖地跟在你的屁股后面。当你逛街购物时，他是取款机，是“挑夫”，当你回到家里时，他是保姆，是你的按摩师。

也许你会说，这也太难了，简直是无法实现的梦。其实非也，只要你方法对路，一定能将这一切变成现实。

那天中午，佳梦在厨房里洗碗，丈夫走到她身后，烦躁地问：“你看见我的手机了吗?”说完又念叨着走了出去。要是在过去，佳梦会立刻关掉水龙头，马上帮丈夫找手机，而且一边找，还会一边安慰他。可是那天，佳梦决定洗自己的碗，对丈夫的事情充耳不闻。因此，她既没有转过身去，也没有搭理一声。

佳梦是爱丈夫的，但是丈夫有个几个明显的缺点——丢三落四，还有些大男子主义，经常为一点小事对佳梦发号施令。比如，佳梦在做饭的时候，他会大声叫道：“电视遥控器呢？快点给我找来。”每到这时，她都会放下手里的事情，帮他找。但实际上，佳梦心里很不满。

所以，这次她决定坐视不管，治一治高高在上的丈夫。结果没过几分钟，丈夫说：“找到手机了。”佳梦平静地说：“找到就好！”继续在厨房忙活。从那以后，当丈夫再因生活小事麻烦她时，她会选择冷漠对待，让丈夫为自己的丢三落四负责。渐渐地，他丢三落四的毛病有所改善，而且有事要佳梦帮忙时，还会很客气地“请求”。

无论是恋人之间，还是两口子过日子，相处时难免会因为生活习惯不同而产生小磕小碰。于是，女人会迫不及待地想去改变男人的习惯，以适应自己的生活方式。可是结果有些遗憾，因为女人使出浑身解数，也难以收到预想的效果，甚至还会造成夫妻矛盾加深。其实，驯服男人需要智慧，需要“坏”手段，而不能蛮干。

有些女人感慨道：“我的丈夫又懒又吹毛求疵，我该怎样驯服他呢?”的确，这种男人让女人非常生气，他们经常回到家里，往沙发上一躺，什么事情都不做，还在一旁对女人所做的事情吹毛求疵，比如，指责她地拖得不干净，茶几上太乱了，怎么也不收拾一下？女人正在厨房炒菜，忙得像陀螺一样，他却只管玩电脑；孩子哭了，他也不哄，还抱怨女人不会带小孩。吃饭的时候，他又抱怨这个菜咸了，那个菜淡了，你简直忍无可忍……

对于这样的男人，女人或许很想冲过去抽他几个耳光，但是出于多种原因，还是强忍住了。那么，还是冷静地思考驯服对策吧。你希望他下班之后，和你一起分担家务，那么你不妨违心一点，适当贬低自己，抬高他的能耐，你可以对他说：“老公，你看看各大酒楼酒店里，哪个不是男人在掌厨？因为女人成不了气候，炒菜始终比不上男人。”

你相信吗？这样的赞美多了，他真的会迈进厨房，给你做几顿饭菜。这时记住了，无论他做的好吃不好吃，你都要假装是在吃美味佳肴，嘴里还不停地夸奖：“老公，你做的菜真好吃。吃你做的菜，我要多吃一碗饭呢！”在你好不容易培养了他下厨的兴趣后，你千万不要重操旧业，而要多用花言巧语迷惑他，以便坐享其成。

关于带小孩的事情，你也许想法设法让他掉进你设置的陷阱。你可以昧着良心对他说：“亲爱的，小家伙在5岁之前，正是树立男子汉形象的阶段，如果他总是跟在我屁股后头，弄不好性取向都会发生变化。你下班后多带他去外面玩玩，陪他做做游戏，他才会觉得父亲不但工作出色，而且还是自己的好朋友，这样他才会崇拜你，信赖你。”男人听了这话，肯定会觉得有道理，然后乐呵呵地接受了带孩子的任务。

有些女人还抱怨：“我家那个男人，一点都不讲卫生，经常把脏衣服和干净的衣服丢在一块儿，我给他洗衣服还要像猎狗一样用鼻子去闻衣服，看哪件衣服有臭汗的味道。嫁给这种男人，我至少短命十年。和他吵架，累的是我，还可能导致关系恶化……”对此，你不妨用欣赏的口气说：“老公，你为了不让我帮你洗衣服，故意把脏衣服藏在干净衣服之间，你太为我着想了，我下辈子还要做你的老婆。”男人不傻，听了这话，自然会明白自己的错。

有些女人说：“我老公有暴力倾向，而且人高马大，动不动就打我，我该怎么办呢？”对于这种情况，乖乖女可要注意了。男人打老婆是会上瘾的，为什么呢？因为老婆被打时不还手，不打白不打。于是，他心情不好，看你不顺眼的时候，就动手打你，把火气发泄到你身上。所以，千万不要一忍再忍，因为忍下去还是忍无可忍，最后闹到离婚，受尽折磨。那么，该怎么做呢？

俗语说：“烂佬怕泼妇。”当他第一次打你时，你可以保持君子风度，不予还击。但是当他第二次打你时，对不起，你一定要狠狠回击。如果你打不过他，你可以抄家伙，在整个过程中，即使你吃亏了，也不要哭泣，你可以把他骂得一文不值，而且坚决不回娘家。你要做的是坚守在家里，不给他做饭，直到他给你赔礼道歉发毒誓。男人都是纸老虎，经过几次鏖战，你就会改变在他心目中温顺的形象，到最后他将会敬畏你三分。

有些女人说：“我老公的情绪化太严重，喜怒无常，我该怎么办呢？”驯化这类男人，你不能用硬性办法。他的情绪控制力差，当他闹情绪时，你最好不要出声，陪着笑脸对待他。等他的暴风雨消失后，你再心平气和地指出他的问题，这个时候他一般会接受批评。同时，你还应提一些要求，比如说：“亲爱的，你脾气这么差，我受了多大的委屈啊，换做别人的女人，恐怕早甩门而去了。你要好好感激我呀，为了让我心情好些，你总得表示表示吧？”这时他可能会爽快地答应你的条件，给你买衣服、买化妆品，等他花了大钱心痛时，就会后悔不该对你发脾气了。

NO.5 “坏”女人修炼的八个步骤

没有天生的“坏”女人，女人要想变“坏”，必须经过长期的修炼。就像丐帮帮主乔峰苦练打狗棒法一样，有一个循序渐进的修炼过程。那么，从乖乖女修炼到“坏”女人，有哪些步骤呢？下面，我们就来一一详细介绍：

第一步：修炼身体

“坏”女人如果缺少了性感的身体，那么在第一印象上就失去了“坏”的资本。怎样的身体才叫性感呢？这绝不意味着穿着暴露，走在街上刻意地扭动屁股，对着路过的男性说：“大哥，做保健不？”性感的身体应该像杭州丝绸一样轻薄柔软，又像巴黎香水一样香气扑鼻。如果你见过《聊斋》里的狐狸精，那么大概就明白了性感的味道。那些狐狸精一开始多半娇弱可怜、楚楚动人、小心翼翼。当她们和书生混熟了之后，就开始眉来眼去，欲语还休，把书生迷得根本没心思读书。

要想修炼性感的身体，女人就必须先从个人卫生开始，就像狐狸精必须用裙子藏住尾巴一样，女人也要用洁净的身体展现自己的魅力。如果一个女人整天手不洗，满身油烟味，张口一笑，牙缝里还有韭菜，哪个男人会对你有兴趣呢？所以，赶紧把自己洗干净吧！

洗完澡之后，你还应该选择适合自己的“战袍”。有些少女喜欢穿横条纹的裤子和裙子，殊不知，这样会让他们的身体显得格外“粗”。大文豪鲁迅曾说：“少穿横条纹的衣服，它会显得不胖的人胖，胖的人更加胖。”所以，千万不要质疑公众审美观，挑战思想家的高度。

建议你穿白色的衬衣，领子有点低，低得让你的乳沟若隐若现，这最能勾引起男人的想象力和探索欲望。当然，选择什么颜色和款式的衣服，这个也要结合个人的喜好，最好能够优雅端庄，又不失性感和风情。比如，挥洒的长袖，性感的短裙，飘逸的连衣裙，细长的铅笔裤、合脚的高跟鞋等等，再配上浓淡适宜的妆容，喷一些富有挑逗力的香水，让你周身暗香浮动，让男人想入非非，不经意间你将秒杀所遇到的每个男人。

第二步：修炼语言

“坏”女人是语言高手，她们见人能说人话，见鬼可以说鬼话，见了阎王甚至都能说个笑话，把阎王爷逗乐。坏女人既可以谈笑有鸿儒，也可以往来有白丁，她们经常出入各种场合，和各种人打交道，言语间尽显格调之论，让人暗暗佩服。

最关键的是，“坏”女人擅长学嗲、学嗔。即嗓音嗲声嗲气，面部表情装傻充愣，充满了灵动之气，让人又爱又气，又喜又烦，简直就是让人爱恨交加，欲罢不能。她们擅长用委婉的言辞攻击别人的话语，你不妨录一段话：在两个人意见相左的时候，你偷偷录下你们的争辩过程，然后听一听自己的言辞是否刻薄，是否需要改进。

“坏”女人不会轻易言语失态，脏话满篇，她们懂得妥协，但这种妥协是有目的的，比如，当她看中了一款包包后，男人不太愿意给她买，这个时候她就开始发嗲了，嗲到男人心都软了，最后不得不掏腰包。

相比之下，乖乖女会怎么做呢？乖乖女要么不提买包的事，要么提了之后，就义正言辞地据理力争，说：“我就要买，你平时给我买包了吗？这点要求你都不答应，你到底爱不爱我？”天哪，这些话就像无情的鞭子抽打在男人的脸上，男人会烦透了这种女人。最后，包包可能买了，但是好心情早已烟消云散，夫妻感情也大受其害，得不偿失啊！

第三步：修炼姿态

“坏”女人姿态的最大特点是“娇”。很多女人以为学娇就是学嗲，其实非也，娇其实是一种温婉的体态，尤其在表情上的羞怯，不好意思时的脸红，会让女人显得格外美丽。你走路的时候，是昂首阔步，还是如暖风一般，徐徐而动？你拿东西的时候，是“快准狠”，还是柔柔地伸出胳膊，放佛没有力气，非常需要男人帮忙似的？你脱衣服的时候，是干脆利落地解开扣子，还是慢条斯理、遮遮掩掩地脱去衣裳？对比一下，你会发现前者女人身上有一种女强人的姿态，而后一种女人才是“娇滴滴”的、需要男人宠爱和照顾的“坏”女人。有两个人对话：

“羊肉那么骚，你怎么那么喜欢吃？”

“羊肉不骚还叫羊肉吗？女人不娇，还叫女人吗？有啥意思？”

看了这样的对话，你还真别笑。因为男人的本性里，对娇滴滴的女人充满兴趣，这是因为娇滴滴的女人能激起男人长久的保护欲。因此，千万别在男人面前充好汉，否则就像在关公面前要大刀，最后男人就让你自己去“要大刀”，不累死你才怪。

第四步：修炼温柔的性格

温柔是“坏”女人最不可缺少的性格特点，温柔的女人就像夏天里的一张水床，冬天里的暖炕，让男人内心流淌着又钦又慕的柔情，也让女人浮动着又羡又妒的目光。怎样修炼温柔呢？你不妨偶尔唉声叹气一番，但绝不要抱怨连连；你不妨放慢语速，多用一些拟声词与男人对话，例如，啊、呀、哈、吧，等等，这样可以让你的语气更加柔和，男人听着更加舒服；你的动作要柔和，和男人打情骂俏时，轻轻一捏他的脸，用指尖轻触，远胜于用爪子挠他；你不妨在受到委屈或与他争吵时暗自伤怀，默默流泪，这永远胜于争吵时的高声辩驳和泼妇般地蛮横。

第五步：修炼处世能力

要想变成“坏“女人，你不仅要有光鲜的脸，还必须有一双火眼金睛，能一眼看透人心，尤其是看透男人的心，这样你才不会在恋爱或择偶时轻易看走眼，被坏男人蒙骗。在人际交往中，“坏“女人总是保持灿烂的微笑，相对于颓废的女人，她们显得信心十足，谈吐自如。“坏”女人擅长与人打交道，就算与陌生人交往，她们也不会沉默寡言，而是知道该说什么，该问什么，从而很好地激发别人的交谈兴致。

第六步：修炼思想

女人要想真正变“坏”，还需修炼自己的思想，把思想提升到更高的层次。比如，多看看书，尽可能掌握科学文化知识。如果你不会英语，学点法语也行，如果你不会法语，学点日语也行。总之，你要多掌握几门语言，最起码也应该会用多种语言讲“你好”和“我爱你”。

女人还需学点哲学，了解了解哲学大师叔本华和黑格尔的哲学思想，要知道，不少男人喜欢拿他们说事，尤其是假装高雅的知识分子；女人还需学点经济学，用最简单的经济学原理解释生活现象，会让人对你肃然起敬；女人还需懂点文学艺术，多看一些文学名著，增加自己的知识面，让自己变得更有学识。假如你什么都不想学，而你的男人又是个商人，你最起码也应该知道美元和人民币如何换算吧？这样你和男人才有共同的话题，否则，你指望男人和你说什么呢？

第七步：修炼金钱观

永远也不要放松对金钱的控制，不能在金钱方面对男人听之任之。虽然老拿金钱说事显得有些俗，但是你想活得好一些，就不得不重视这个问题。你应该拥有自己的私房钱，以保证买一些自己喜欢的衣服、首饰、结交自己的人脉圈子。

有人说：“男人不犯错，那是因为口袋里没钱。”因此，你还应尽可能掌控家庭的财政大权，这样既可以让自己不受男人的摆布，又能操控男人的命脉，让男人无法在外面花天酒地。

第八步：修炼人生观

如果你修炼到了前面七步，你差不多已经是个百毒不侵、百炼成钢的“坏”女人了。也许你认为自己已经可以出师了，但是且慢，不要忘了还有第八步，那就是修炼你的人生观。你要有不服输的心态，要在精神世界里成为强者，对于男人可以拥有的东西，比如，职位、薪水、地位，你一样可以拥有。要知道，这个世界一半属于男人，一半属于女人，你的生命属于自己，你的快乐也属于自己，而不要依靠男人。你在自己的男人眼里是美丽的，在其他男人眼里，也应做个美丽的女人。如果有一天，他离开了你，你一样可以自信而快乐地活着，你的生命中缺的只是一个锦上添花的配角，不缺的是来自内心深处的掌声。

NO.6 跟随自己的本性，做个聪明的“坏”女人吧！

被誉为“提灯女神”的英国护士弗洛伦斯·南丁格尔说过：“如果女性生来就有翅膀，那么就应当想方设法地把翅膀用在飞翔上。”这个“翅膀”就是本性、内心的选择和意愿。作为活在这个世界上的人，女人应该为自己而活，应该尊重自己的本性，尊重自己的内心感受，做自己想做的事情，哪怕这件事情看似不合理、不被认同，甚至遭到家人的反对。

“坏”女人从来就不愿意接受别人的安排，向别人的意见屈服，她们不会将自己的翅膀束缚在男人身上，不会依赖男人，而是愿意成为一只翱翔的雄鹰。“坏”女人敢于打破规矩，制定适合自己的规矩，而且明白无误地对男人说“不”，时时刻刻都为自己创造成功，而不是处处迁就他人。

“坏”女人拥有“赢家”气质，即使在荆棘中、在阻力中，她们也会锐意进取，磨砺自己的锋芒，锻炼自己的能力。“坏”女人拥有坚韧不拔的毅力，不达目的不罢休的勇气。

以色列著名的女政治家，以色列国家的创始人梅厄夫人说：“人的一生没有什么东西是生来就有的，仅仅依靠信仰的力量是不够的，还必须具有克服障碍和甘于战斗的力量和勇气。”作为一个有思想、不循规蹈矩的女人，梅厄获得了成功，她的本性就是战斗，就是胜利，而不是做一个人见人爱的乖乖女，更不会在厨房里熬过自己的一辈子。

在这个充满对立的世界里，有对有错，有好有坏，在不违背法律和道德的前提下，你可以跟随自己的本性，尽情地表露自己的性情，想怎么做，就怎么做吧，不要在意别人的看法，重要的是自己的感觉。尤其是在深爱的两性之间，你们可以说毫无秘密可言，在这种情况下，你愿意做个乖乖女，一切被动听从男人的调遣，还是愿意做个跟随本性、善变洒脱的女人呢？

小颖和小马是一对交往3年的恋人，有一次，他们相约去电影院看电影。碰面之后，小颖居然在小马的耳边小声说：“今天真热，我穿了件丁字内裤，那样下面会凉快一点。”当时小马觉得，这跟看电影没有什么关联，可是当他们坐下没多久，小马就没有心思看电影了，他一心想带小颖回家，想看看她下面的丁字内裤到底有多性感……

女人，你爱穿丁字内裤就穿丁字内裤，这完全取决于你自己的本性和意愿，没有人管得着你，哪怕你的老公，也无权干涉。此外，如果你觉得天气太热，不想戴胸罩，同样可以这样去做，你还可以主动告诉他，让他在你若隐若现的性感部位的挑逗下欲火焚身，让他立刻有一种想扒光你衣服，和你上床的欲望。这就是穿着上对男人的勾引，如果你愿意这么做，就赶紧行动吧！

与小颖相比，莉莉的本性更加直接，她说：“我是个喜欢直接的人，尤其是在我们夫妻之间，我从来不遮遮掩掩。当我想爱爱的时候，我会脱掉内裤，丢到他的面前，向他做出性爱的暗示，他觉得那时候我最性感。虽然他每次和我结束性爱后，总会说我‘你真是个坏女人’，但我知道他爱的就是我这个‘坏’女人，他的内心是甜蜜的。”

很多良家妇女在大众面前总是一本正经，不好意思依偎在自己男人的怀抱里，不好意思和自己男朋友打情骂俏，接个吻还要躲在无人的角落。事实上，她们的本性并非这般矜持，她们也有很多欲望，只不过，这些欲望被他们用“传统观念”压制了，她们活得有些压抑。也许她们并未感觉到这种压抑，但她们身体里的欲望和本性的想法处于被压抑状态，这是不争的事实。

何苦这样为难自己呢？为何不像“坏”女人那样，在众人面前大胆地秀恩爱呢？甚至还可以秀秀风骚，让其他男人忍不住多看你几眼，让你的男人为你担心，为你着急，也发自内心地因你而感到甜蜜。学学陈小姐吧！

陈小姐和丈夫出门的时候，经常趁丈夫不注意，抚摸他的胸膛和腹部。当她和丈夫坐在餐厅里时，她会把鞋子踢掉，用脚趾头上上下下地摩擦丈夫的小腿。

有一次，在人多拥挤的聚会上，陈小姐趴在丈夫的后背上，用胸部磨蹭丈夫后背，一开始，丈夫并未在意，但是到后来，他坐不住了，他对陈小姐说："亲爱的，这儿人实在太多了，我们回家再亲密吧！"

事实上，陈小姐那天并非性欲强烈，她只不过觉得胸部有点痒，所以才那样磨蹭。当丈夫得知这一实情后，哈哈大笑起来，把她搂在怀里，狠命地亲吻。丈夫笑着对陈小姐说："你真是个妖女！让我每天都恨不得和你在一起。"

你想成为为自己而活的聪明女人吗？如果想，那就不要惧怕批评，不要被别人的眼光影响，把自己的所有能量都用到可以达到的目标上，在干"坏"事的过程中感受乐趣吧。